Jörg Sczepek

Visuelle Wahrnehmung

Eine Einführung in die Konzepte
Bilddentstehung,
Helligkeit+Farbe,
Raumtiefe, Größe,
Schärfe und Kontrast

Impressum

© 2011 Jörg Sczepek
Alle Rechte vorbehalten

Herstellung und Verlag:
Books on Demand GmbH, Norderstedt

ISBN 9783842337657

Die Wiedergabe von Gebrauchsnamen, Handelsnamen, Warenbezeichnungen usw. in diesem Buch berechtigen auch ohne besondere Kennzeichnung nicht zu der Annahme, daß solche Namen im Sinne der Warenzeichen- und Markenschutzgesetzgebung als frei zu betrachten wären und daher von jedem benutzt werden dürften.

Text und Abbildungen dieses Buches wurden mit größter Sorgfalt erarbeitet. Verlag und Autor können jedoch für eventuell verbliebene fehlerhafte Angaben und deren Folgen weder eine juristische Verantwortung noch eine wie auch immer geartete Haftung übernehmen.

Soweit nicht ausdrücklich anders angegeben beziehen sich Brennweitenangaben auf das volle Kleinbildformat 24x36 mm und Belichtungswerte auf ASA 100.

„*Die Rechtschreibreform führt zur Verflachung der deutschen Sprache und ist ein kostspieliger Unsinn*" (Siegfried Lenz, 1996). Dieser Kritik und dem „Frankfurter Apell"schließt sich der Autor dieses Buches an und bleibt bei jenen Regeln, die als „alte Rechtschreibung" bekannt sind.

Coverphoto: © iStockphoto.com/adamkaz

Inhaltsverzeichnis

Einleitung 8

1. Die Entstehung des wahrgenommenen Bildes
Erster Schritt – Erzeugung der Nervenimpulse
- Das Auge 12
- Die Netzhaut 14
- Die Photorezeptoren 16

Zweiter Schritt – Beginn der Informationsverarbeitung 18
Dritter Schritt – Kategorisierung der Informationen 22
Vierter Schritt – Weiterleitung und Filterung 26
Exkurs – Gehirn und Nervenzellen 28
Fünfter Schritt – Sortierung der Richtungen 31
Sechster Schritt – Erzeugung der Eindrücke 35

2. Die Wahrnehmung des Raums und seiner Ausdehnung
Bausteine unserer Raumwahrnehmung 38
- Stereoskopie 39
- Konvergenz und Akkommodation 42
- Schärfe und Unschärfe 43
- Bewegungsparallaxe 44
- Fortschreitendes Zu- und Aufdecken von Flächen 45
- Verdeckung und Überschneidung 45
- Relative Größe 46
- Schattenwurf 46
- Zentralperspektive 48
- Atmosphärische Perspektive 50
- Farbperspektive 51

Inhaltsverzeichnis

3. Die Wahrnehmung der Objektgrößen
Bausteine unserer Größenwahrnehmung 54
    Der Sehwinkel 54
    Die Verrechnung der Entfernung 55

4. Die Wahrnehmung von Helligkeit und Farbe
Was Helligkeit und Farbe sind 60
Die Zapfenrezeptoren 63
Umformung der Signale in Gegenfarbkanäle 66
    Wie im Fernsehen – Die Begründung für das komplizierte Verfahren .. 74
Hinzufügen eines räumlichen Aspekts für Farbe 76
    Annähernde Farbkonstanz bedeutet nicht vollständige Farbkonstanz . 82
Erzeugung der Eindrücke 85
Rot ist besser als Blau – Unsere Vorliebe für warme Farben 87
Noch nicht beantwortet – Die Frage nach dem Warum 89

5. Kontrastwahrnehmung
Warum Kontrast für unsere Visualität entscheidend ist 94
Der Dynamikbereich des visuellen Systems 95
    Der Antwortbereich der Fotorezeptoren 96
    Die Hell-/Dunkel-Adaptation 97
    Laterale Hemmung 101
    Dynamische Verstärkung 103
    Pupillengröße 103
Die Mindestgröße der Helligkeitsunterschiede 104
Die Anzahl der wahrnehmbaren Tonwert 107

Inhaltsverzeichnis

6. Schärfe-Wahrnehmung
Standortbestimmung – Was ist visuelle Schärfe 112
   Das Auflösungsvermögen des visuellen Systems 114
      Die Beugung als physikalische Einschränkung 115
      Die Anordnung der Fotorezeptoren auf der Netzhaut 118
      Die neuronale Verschaltung der Fotorezeptoren 122
      Die Qualität der Augenoptik 122
      Die Helligkeit 124
      Der Kontrast 126
      Die Farbe 130
      Das Gesamtauflösungsvermögen des visuellen Systems 131
Die Konturenschärfe 134

7. Anhang
Anmerkungen 140
Literaturverzeichnis 142
Stichwortverzeichnis 149

Einleitung

Ein paar Worte vorweg

Visuelle Wahrnehmung ist ein höchst komplexer Prozess der viele aufwendige Einzelvorgänge zu einem für uns wunderbaren Eindruck integriert. Aber warum nehmen wir überhaupt visuell wahr, wieso Sehen wir? Andere Lebewesen, wie Mäuse oder Maulwürfe, schlagen sich schließlich auch mit ausgesprochen einfachen visuellen Fähigkeiten erfolgreich durch ihr Leben. Ist unsere Fähigkeit zu Sehen nur eine Zugabe um uns, wie die meisten schlagfertig erwidern würden, das Erkennen anderer Menschen, die adäquate Partnerwahl, die Essensbeschaffung, das Lesen oder die Orientierung zu ermöglichen? Wohl kaum, denn all diese Fähigkeiten sind nur Teilaspekte dessen, wozu die Wahrnehmung ganz allgemein dient. Dies übergeordnete Ziel ist die Beschaffung von **Informationen**, von **Wissen** über unsere Umwelt. Im Vergleich zum Hören, Fühlen, Riechen und Schmecken ist das Sehen die effektivste Möglichkeit dies für uns so wichtige Ziel zu erreichen. Zudem erschließt es uns mit der Wahrnehmung von Farbe oder dem Gesichtsausdruck unseres Gegenübers Quellen, die uns sonst verschlossen blieben.

So weit so gut, aber Sehen ist schwierig, denn die Daten, die uns erreichen, sind ständig im Fluss und nicht konstant. Die **Helligkeit** eines Objekts verändert sich mit der Lichtintensität. Verdoppelt sich diese, weil die Sonne hinter einer abschattenden Wolke hervortritt, so verdoppelt sich auch die von dem Ding reflektierte Lichtmenge. Ähnlich sieht es bei der **Farbe** aus. Auch wenn die Lichtintensität gleich bleibt, ändert sich die spektrale Zusammensetzung des Sonnenlichts im Tagesverlauf. Am Morgen und Abend weist es beispielsweise einen größeren Rotanteil auf als am Mittag und parallel dazu verändert sich auch der von den Objekten reflektierte Wellenlängenmix. Die **Form** der Dinge hängt davon ab, aus welchem Blickwinkel wir sie betrachten. Bewegen wir uns, so wandelt sich ihr Netzhautbild. Aus einem rechten Winkel kann ein spitzer werden und der Stuhl vor uns wird zu einem Zerrbild. Desgleichen verhält es sich mit der **Größe**. Verdoppeln wir die Entfernung zu der großen Eiche im Garten halbiert sich ihr Abbild auf der Netzhaut und umgekehrt.

Würden all diese Veränderungen tatsächlich bis in unsere bewußte Wahrnehmung durchschlagen, so wären die Dinge vielgestaltig, uneindeutig und schwer zu definieren.

Einleitung

Unser Leben wäre entsprechend kompliziert und mühsam. Vielleicht sogar unmöglich zu bewältigen. Um diese Entwertung des Sehens zu verhindern, muss sich das visuelle System beschränken. Es darf nicht alles abbilden und weiterleiten, sondern tut besser daran sich in einem aktiven Prozess auf einige wenige Objekteigenschaften zu beschränken. Dies sind jene, die unter allen oder mindestens den meisten Umständen konstant bleiben und damit belastbar genug sind, um es dem Gehirn zu ermöglichen die Dinge zu kategorisieren. In dieser Hinsicht ist die einzig wertvolle Kenntnis jene über die charakteristischen und dauerhaften Eigenschaften eines Objekts. Sie könnte man auch als seine „wahre Natur" bezeichnen und sie sind die einzigen, die zu sammeln sich für den Apparat in unserem Kopf lohnt.

Deklinieren wir diese Anforderungen einmal für die oben genannten Problemfelder durch. Für die Wahrnehmung der Objekthelligkeit ergibt sich da, daß nicht die absolute reflektierte Lichtmenge ausschlaggebend ist, sondern vielmehr die relativen Reflektanzeigenschaften der Objekte und Objektteile zueinander, denn diese bleiben unabhängig von der Intensität des einfallenden Lichts immer gleich. Mit der Center/Surround Organisation bestimmer retinaler und kortikaler Ganglienzellen hat das visuelle System einen zuverlässigen Mechanismus entwickelt, der globale Helligkeitsänderungen von der Wahrnehmung ausschließt und statt dessen die Unterschiede zwischen einzelnen Teilbereichen favorisiert. Ihn nennen wir auch **Helligkeitskonstanz**. Eine ganz ähnlich gelagerte Verhältnisbildung erkennen wir auch bei der Farbwahrnehmung. In diesem Kanal finden wir Zellen, die die

„In exploratory looking , tasting and touching the sense impressions are incidental symptoms of the exploration and what gets isolated is information about the object looked at, tasted or touched."   James Gibson

Relation zwischen reflektiertem- und eingestrahltem Wellenlängengehalt bestimmen. Weil eine Kirsche oder eine Tomate immer am stärksten im langwelligen roten Bereich des Spektrums, sagen wir mal bei 650 nm Wellenlänge, reflektiert, können wir ihnen diese Eigenschaft auf diesem Weg unabhängig von der spektralen Zusammensetzung des einfallenden Lichts zuschreiben. Dies bezeichnen wir als **Farbkonstanz**. **Formkonstanz**

Einleitung

ergibt sich, weil wir das Aussehen der Dinge nach feststehenden Regeln konstruieren. Einige dieser Vorgaben lauten wie folgt: Gerade Linien im Netzhautbild erscheinen auch im dreidimensional wahrgenommenen Objekt gerade. Linienenden, die im zweidimensionalen Bild zusammenfallen, tun dies auch im dreidimensionalen. Und, etwas komplizierter, T-förmige Linienverbindungen werden als Punkte wahrgenommen, nahe denen sich Umrissteile gegenseitig verdecken. Mit diesem Satz Konstruktionsregeln sind wir grundsätzlich in der Lage sich ändernde mehrdeutige Netzhautbilder in stabile Wahrnehmungen zu überführen, so daß ein Stuhl bei der Betrachtung aus den verschiedensten Positionen immer ein Stuhl bleibt. Bleibt die Objektgröße. Da das Abbild der Dinge auf der Retina eine zentralperspektivische Projektion ist, muss es sich zwangsläufig mit der Entfernung verändern. Durch die Einberechnung des sich ebenfalls ändernden Sehwinkels, der sich aus der Stellung der Augen zueinander ergibt, kann das visuelle System diesem Kleiner- und Größerwerden entgegenwirken und uns **größenkonstante** Wahrnehmungen liefern

So kommen wir nicht umhin, zu erkennen, was Sehen ist: Konstruktion auf Basis notwendigerweise beschränkter Daten. Ganz so, wie es in Gibsons Zitat anklingt. Als solchen Konstruktionsprozess beschreibt dies Buch die Arbeit des visuellen Systems.

1 Die Entstehung des wahrgenommenen Bildes

Inhalt

Erster Schritt – Erzeugung der Nervenimpulse
    Das Auge
    Die Netzhaut
    Die Photorezeptoren
Zweiter Schritt – Beginn der Informationsverarbeitung
Dritter Schritt – Kategorisierung der Informationen
Vierter Schritt – Weiterleitung und Filterung
Exkurs – Gehirn und Nervenzellen
Fünfter Schritt – Sortierung der Richtungen
Sechster Schritt – Erzeugung der Eindrücke

Entstehung des wahrgenommenen Bildes

Erster Schritt – Erzeugung der Nervenimpulse

Das Auge

Die physische Reaktion der Lebewesen auf das das Licht ist entwicklungsgeschichtlich rund anderthalb Milliarden Jahre alt. Ihre Frühform diente den Organismen wahrscheinlich zur Umstellung der körperlichen Aktivität von der Nacht auf den Tag und die dazu notwendigen lichtempfindlichen Zellen auf der Haut können noch heute an primitiven Einzellern studiert werden. In einem folgenden Schritt wurden die Photorezeptoren in kleinen Gruben angeordnet, um sie gegen Streulicht zu schützen und die Wahrnehmung bewegter Schatten und damit einhergehender wahrscheinlicher Gefahr zu verbessern. Um diese frühen Augengruben gegen Fremdkörper zu schützen, entwickelten sich irgendwann durchsichtige Membranen über ihnen, die im Zuge der Evolution im Zentrum dicker wurden und den Grundstein für die Entwicklung einer Art Linse legten. Die ersten dieser Linsen dürften lediglich zur Verstärkung des Lichts gedient haben und es dauerte einige Millionen Jahre, bis sie wirklich brauchbare Bilder projizieren konnten. Erst vor ungefähr 800 Millionen Jahren haben sich Augen entwickelt, die dem Individuum mit unterschiedlichen Rezeptoren dazu verhalfen bei Tag und auch bei Nacht zu sehen. Für unser heutiges Sehen sind die Augen entscheidend, weil sie dem Gehirn zur Erfassung der visuellen Daten dienen. Und mögen die Augen streckenweise einer Kamera ähneln, so leiten sie doch nicht bloß ein scharf fokussiertes Bild an das Gehirn weiter, sondern übernehmen schon den ersten Teil der komplizierten Verarbeitung der gewonnenen Daten.

Beim menschlichen **Auge**, wie wir es heute kennen, handelt es sich um ein annähernd kugelförmiges Objekt von rund 2,5 cm Durchmesser. Nach außen hin wird es durch das dichte Gewebe der Lederhaut abgeschirmt, so daß nur

> „In Looking at an object we reach out for it. With an invisible finger we move through the space around us, go out to the distant places where things are found, touch them, catch them, scan their surfaces, trace their borders, explore their texture.
> It is an eminently active occupation."
> Rudolf Arnheim

Erster Schritt – Erzeugung der Nervenimpulse
Das Auge

durch den kleinen durchsichtigen Teil der Hornhaut Licht einfallen kann. Den größten Teil des Augeninnenraums nimmt die gallertartige Masse des sogenannten **Glaskörpers** ein, die das ganze in Form hält und die empfindlichen Teile des Innenlebens schützt. Die von der Bindehaut bedeckte **Hornhaut** ist die am weitesten außenliegende Funktionseinheit des Auges. Sie bricht das einfallende Licht am stärksten und sorgt im Zusammenspiel mit der Linse für ein scharfes Bild. Hinter einem kleinen mit Kammerwasser gefüllten Hohlraum liegt die **Iris** (Regenbogenhaut) als nächste Station im Innern. Sie besteht aus feinem Bindegewebe, in welches die pigmentierten Zellen eingelagert sind, die den Augen ihre unterschiedlichen Farben geben. Doch das ist nur Mittel zum Zweck, denn bis auf die **Pupille** (auch Sehloch oder Irisblende genannt) im Zentrum muß die Regenbogenhaut absolut lichtdicht sein. Die ganz hinten im Auge gelegene Netzhaut, auf der sich das gesehene Bild abbildet, paßt sich nämlich nur langsam an Änderungen der Leuchtdichte an und so kommt der Regenbogenhaut die Schutzfunktion einer schnell schließenden Blende zu. Sie reguliert die Größe der Pupille zwischen 2 mm und 8 mm und kann die einfallende Lichtmenge damit um 2 logarithmische Einheiten reduzieren oder er-

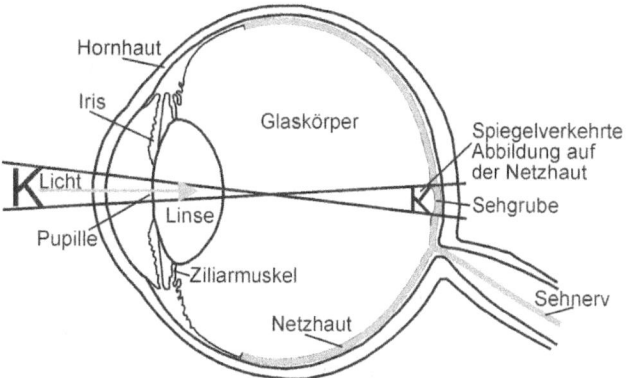

Abb. 1-1: Schnitt durch das menschliche Auge

höhen. Erst nach der Soforteinstellung durch die Regenbogenhaut gewöhnen sich die Sinneszellen der Netzhaut an die veränderte Leuchtdichte. Neben der Regulierung der Lichtmenge weist die Irisblende noch eine weitere Analogie zur Kamerablende auf, denn ihre Verengung vergrößert beim Nahsehen die Tiefenschärfe.

Um einen Blick durch die Pupille ins Auge zu tun, braucht es den Kunstgriff eines Augenspiegels, da der Kopf der beobachtenden Person immer einen Schatten wirft. Nur beim Photographieren mit Blitzlicht werfen wir oft einen dann allerdings ungewollten Blick ins Augeninnere. Steht der Blitz nämlich zu nah an der Aufnahmeachse des Objektivs und ist die Pupille aufgrund des schwachen Umgebungslichts weit geöffnet, erscheint die gut durchblutete Netzhaut als rote Reflexion im Bild. Abhilfe leisten Blitzgeräte,

Entstehung des wahrgenommenen Bildes

die die Pupille durch eine Serie von Vorblitzen dazu bringen sich zu verengen (wodurch kaum Licht zurück reflektiert werden kann) oder die Möglichkeit den Blitz entfesselt (von der Aufnahmeachse versetzt) einzusetzen.

Unmittelbar hinter der Regenbogenhaut befindet sich die **Linse**. Sie ist für die Anpassung des Auges an die unterschiedlichen Objektentfernungen verantwortlich. Zu diesem Zweck kontrahiert oder entspannt sich der rechts und links am Augenrand gelegene Ziliarmuskel und gibt diese Bewegung über die Zonulafasern an die Linse weiter, die in ihrer Krümmung verändert wird. Ist das Objekt, auf das fokussiert werden soll, weiter als sechs Meter entfernt, fallen die Lichtstrahlen praktisch parallel auf die Netzhaut ein und liefern eine scharfe Abbildung. Liegt es dagegen näher, verschiebt sich die Bildebene hinter die Netzhaut und die Strahlen fallen nicht mehr parallel ein. Um dies Nahsehen zu ermöglichen, kontrahiert der Muskel und entspannt erstaunlicher Weise die Zonulafasern, so daß sich die Linse stärker abrundet. Durch die stärkere Krümmung wird das Licht auch stärker gebrochen und die Bildebene verschiebt sich so weit nach vorn, daß das nun scharfe Bild wieder auf die Netzhaut fällt. Diese **Akkomodation** genannt Art der Einstellung verhindert die Übertragung von Muskelzittern an den optischen Apparat. Ähnlich einer Zwiebel ist die Linse aus Schichten aufgebaut. Im Laufe unseres Lebens vergrößert sie sich, indem an ihrer Außenseite neue Zellen angelagert werden. Dieser Wachstumsvorgang hat leider den Nebeneffekt, daß die innenliegenden älteren Zellen mit der Zeit von der Nährstoffzufuhr abgeschnitten werden und ihre Elastizität verlieren. Mit zunehmendem Alter kann die Linse dann nicht mehr für die Anpassung des optischen Systems an verschiedene Entfernungen sorgen und eine Brille oder Kontaktlinse muss dieses Defizit ausgleichen.

Durch das Zusammenspiel von Hornhaut, Regenbogenhaut, Pupille und Linse entsteht ein scharfes, verkleinertes und auf dem Kopf stehendes Abbild unserer Umgebung auf der Augeninnenseite und der sie auskleidenden Netzhaut, ganz so, wie in einer Camera Obscura. Lange Zeit glaubte man das Gehirn würde dieses auf die Netzhaut projizierte Bild durch eine Art „inneres Auge" als Ganzes interpretieren. Doch die moderne Forschung hat gezeigt, daß die visuelle Wahrnehmung viel komplexer ist.

Die Netzhaut

Die Netzhaut oder Retina ist evolutionsgeschichtlich ein nach außen verlagerter Teil der Gehirnoberfläche.

Erster Schritt – Erzeugung der Nervenimpulse
Die Netzhaut

Sie ist nur $^1/_{10}$ mm stark und beinhaltet mehr als 200 Millionen dicht über- und nebeneinandergepackte, hochspezialisierten Nervenzellen. Auf sie fällt das auf dem Kopf stehende Abbild unserer Umgebung. Entsprechend der Rundung des Augapfels ist die Netzhaut eine gekrümmte Ebene und bietet so den Vorteil des an jeder Stelle gleichen Abstands zur Linse und der ebenfalls überall scharfen Abbildung. Darüber hinaus geht mit der Krümmung die unabhängig vom Einfallswinkel des Lichts gleiche Proportion des Abbildungsmaßstabs einher.

Bemerkenswert an der Struktur der Retina ist die Tatsache, daß ihre funktionellen Schichten so übereinander liegen, daß das Licht die photosensiblen Zapfen- und Stäbchenzellen erst nach dem Passieren der darüberliegenden neuronalen Zellen erreicht. Diese Anordnung entspricht dem Einlegen eines Films mit der photographisch aktiven Seite nach außen und unterdrückt das kontrastmindernde Streulicht. Sie ist gefahrlos möglich, da sich das zuoberst liegende Nervengeflecht nicht bewegt und die nachgeschalteten Verarbeitungsstufen solche stillen Reize aus unserem bewussten Sehen ausblenden.

Von hinten nach vorn folgen auf die **Photorezeptoren** zunächst die **Horizontalzellen**, dann die **Bipolar-** und **Amakrinzellen** und schließlich

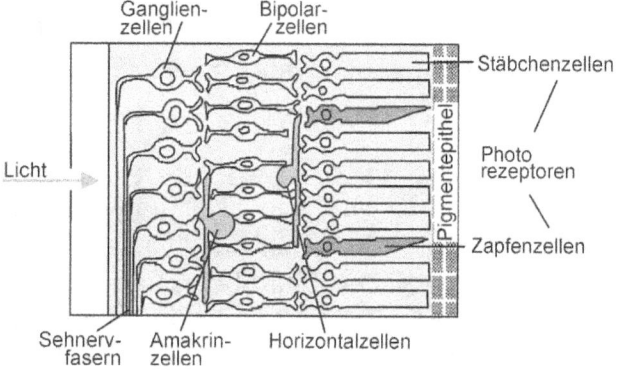

Abb. 1-2: Schnitt durch die Netzhaut

die **Ganglienzellen**. Jede dieser Neuronenarten kommt in verschiedenen Spielarten vor und erfüllt die folgenden grundlegenden Funktionen. Beispielsweise gibt es mehr als ein Dutzend verschiedener Typen von Amakrinzellen und zwei Hauptgattungen von Ganglienzellen, die kleinen **Magnozellen** und die großen **Parvozellen**. Beide spielen im Abschnitt „Kategorisierung der Informationen" eine wichtige Rolle.

Die Bipolarzellen erhalten ihre Eingangssignale direkt von den Photorezeptoren und viele von ihnen sind direkt mit den Ganglienzellen verschaltet. Die Horizontalzellen übertragen Daten zwischen einzelnen Rezeptoren und die Amakrinzellen tun selbiges zwischen einzelnen Bipolarzellen. Durch diese Art der Verschaltung wird a) für die Möglichkeit der Rückkoppelung (laterale Hemmung) und b) für

Entstehung des wahrgenommenen Bildes

die Zusammenfassung einzelner Rezeptoren bzw. Bipolarzellen zu Gruppen gesorgt.

Die Photorezeptoren

Das Licht ist der Träger der visuellen Informationen und die Optik des Auges läßt ein darüber transportiertes zweidimensionales Abbild der Umgebung und der Gegenstände auf der Netzhaut entstehen. Dort wird das enthaltene Energiepotential von dafür bestimmten Sensoren, den **Photorezeptoren**, interpretiert. Auf dem jetzigen Stand der Evolution ist jede unserer Netzhäute mit annähernd 120 Millionen hoch spezialisierten Sinneszellen ausgestattet, die das Licht in elektrische Signale umwandeln und das visuelle System über die Intensität und chromatische Zusammensetzung des einfallenden Spektrums informieren. Hier unterscheiden wir die nach ihren charakteristischen Formen benannten rund 110 Millionen **Stäbchenzellen** und die circa 6 Millionen **Zapfenzellen**.

Beide Rezeptortypen sind von grundsätzlich gleicher Struktur, die sich in das äußere Segment, das innere Segment und den synaptischen Körper gliedert. Sie stehens „kopfüber" auf der Retina, damit ihre Signalqualität durch möglichst wenig reflektiertes Licht gemindert wird. Das **äußere Segment** besteht aus gut 1 000 übereinandergestapelten Membranscheiben, welche das photochemisch aktive Pigment enthalten. Dies ist der eigentliche Schlüssel zum Sehen und bei ihm handelt es sich um Verbindungen aus dem großen Protein Opsin und dem kleinen lichtempfindlichen Molekül Retinal, einem Derivat des Vitamin A. Da sie Licht absorbieren, besitzen sie eine charakteristische Farbe, ein relativ dunkles opakes Purpur das wir auch Sehpurpur nennen. Das nach der Belichtung gebleichte, also zerfallene, Pigment ist von undurchsichtiger weißer Farbe und für den Sehvorgang

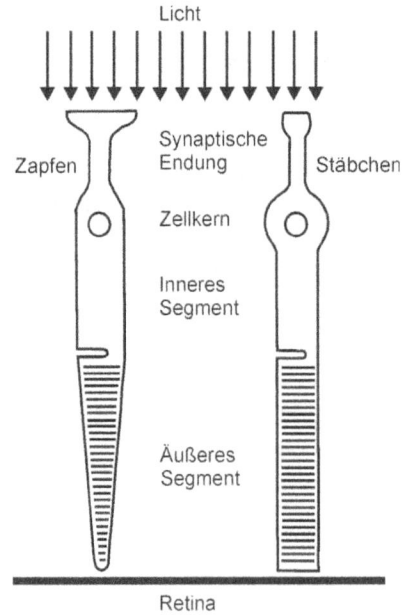

Abb. 1-3: Schnitt der beiden Rezeptorarten

Erster Schritt – Erzeugung der Nervenimpulse
Die Photorezeptoren

nutzlos. Die Aufgabe es zu ersetzen übernimmt das **innere Segment**. In ihm werden die verbrauchten Moleküle regeneriert, in neue Membranscheiben integriert und an das äußere Segment weitergegeben, in dem sie langsam bis zur Spitze emporwandern. Darüber hinaus enthält das innere Segment den Zellkern und die Mitochondrien (die „Kraftwerke" der Zelle), die über die Proteinsynthese den Energiestoffwechsel aufrecht erhalten. Über den **synaptischen Körper** schließlich stellt der Rezeptor die Verbindung zu den nachgeschalteten retinalen Zellen her.

Die **Stäbchenzellen** enthalten alle das photochemisch aktive Pigment Rhodopsin und sind damit für den Wellenlängenbereich zwischen 440 nm und 620 nm (grün-gelb) empfindlich. Die **Zapfenzellen** sind mit je einem von insgesamt fünf verschiedenen Pigmenten aus der Gruppe der Iodopsine gefüllt, die den spektralen Bereich zwischen 400 nm (Blau) und 700 nm (Rot) abdecken, mit einem Empfindlichkeitsmaximum bei 580 nm (Gelb). Verantwortlich für die Abgrenzung des Wellenlängenbereichs ist der genetische Bauplan des Opsin. Entsprechend dieser Zuordnung werden sie auch als K-Zapfen (kurzwellig, blau), M-Zapfen (mittelwellig, gelb) und L-Zapfen (langwellig, rot) bezeichnet.

Da der Prozess der **Pigment-Bleichung** entscheidend für den gesamten visuellen Vorgang ist, wollen wir ihn noch mal ganz genau unter die Lupe nehmen. In der Dunkelheit besteht zwischen dem Zellinneren und -äußeren aufgrund eines beständigen Einstroms von Natrium-Ionen ein elektrischer Potentialunterschied von -30 mV (man sagt die Zelle ist depolarisiert). In diesem Zustand werden über die Synapse permanent Botenstoffe freigesetzt, die die weiterverarbeitenden Zellen der Retina hemmen. Bei Belichtung zerfällt das photochemisch aktive Pigment in seine Bestandteile, das Protein Opsin und den Farbstoff Retinal, und das nun freie Opsin verändert über eine Enzymkaskade die Durchlässigkeit der Zellmembran. Die Durchleitungskanäle schließen sich, so daß der für Potentialausgleich sorgende Nachfluß von Natrium-Ionen unterbleibt und das Membranpotential auf seinen Ruhewert von -70 mV fällt (man sagt die Zelle ist hyperpolarisiert). Da der Rezeptor jetzt keine Botenstoffe mehr aussendet und die nachgeschalteten Zellen der Retina nicht mehr hemmt, senden diese ein Erregungssignal weiter in dessen Folge wir einen Helligkeits- und Farbeindruck wahrnehmen.

Warum wir gerade für den schmalen Bereich des Spektrums zwischen

Entstehung des wahrgenommenen Bildes

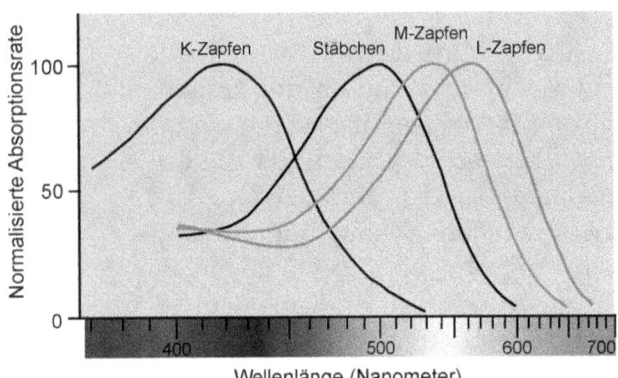

Abb. 1-4: Normalisierte Absorptions-Spektren der Stäbchen- und Zapfenzellen (1).

gut 400 und 70 nm sensibel sind? – Nun, Strahlung im Wellenlängenbereich unterhalb von 380 nm (Ultraviolett) ist so energiereich, daß sie die Photopigmente in unseren Augen schnell zerstören und, innerhalb eines etwas längeren Zeitraums, die Augenlinse gelb trüben würde. Manche Vogelarten und Insekten haben eine Empfindlichkeit für UV-Licht entwickelt, sterben aber bevor diese messbaren Schaden anrichten kann. Größere Säuger, wie wir, besitzen eine längere Lebensspanne und müssen ihr visuelles System deswegen diesen schädigen Einflüssen anpassen. Auf der anderen Seite des Spektrums sind Wellenlängen oberhalb von 780 nm (Infrarot) primär Wärmestrahlung und diese gibt wenig Auskunft über die Beschaffenheit der Objekte. Auf Infrarotfilm sieht ein Gesicht aus wie ein heißes Eisenskelett und deswegen gibt es unter Tageslicht anhand dieser langwelligen Strahlung wenig über die Welt zu lernen. Unser Sehen schenkt also den Enden des Spektrums wenig Beachtung und ist statt dessen auf jenen mittleren Bereich konzentriert, der am stärksten und unterschiedlichsten mit der Materie interagiert und uns am meisten über die Welt verrät.

So beginnt der Mechanismus des Sehens: Das Licht verändert die Photopigmente, dies stößt eine elektrochemische Reaktion an, die die Aktivität der synaptischen Verbindung beeinflußt und einen Impuls an das Nervensystem leitet. Aber die Augen sind mehr als rein optische Instrumente. In ihnen läuft nur die erste Verarbeitungsstufe der visuellen Daten ab.

Zweiter Schritt – Beginn der Informationsverarbeitung

Nun wissen wir also, wie aus Licht Nervenimpulse werden. Etwas, mit dem das Nervensystem arbeiten kann. Aber damit fangen die Probleme erst an, denn diese Impulse werden keineswegs einfach so irgendwo hin transportiert und dann irgendwie wahrge-

Zweiter Schritt – Beginn der Informationsverarbeitung
Center/Surround Organisation

nommen. Stattdessen tut das visuelle System etwas mit den Daten dieser ersten Stufe. Was es genau macht, wird anhand eines Beispiels deutlich. Betrachten Sie einmal Abb. 1-5. Da ist eine Abfolge von Flächen unterschiedlicher Graufärbung dargestellt, die in sich keine Farbgraduierung besitzen. Trotzdem fällt Ihnen sicher auf, daß die einzelnen Streifen als Verläufe von hell nach dunkel erscheinen und der Helligkeitsunterschied an den Grenzen verstärkt ist. Dieser Effekt wird nach seinem Entdecker, dem Physiker und Philosophen Ernst Mach (1838-1916), als **Machsche Streifen** bezeichnet und es war lange unklar, wie sie entstehen.

Die Erklärung und gleichzeitig die Erkenntnis, daß Sehen mehr ist als die bloße Beförderung des Retinabildes an eine Stelle im Gehirn an der es betrachtet wird, haben wir Stephen Kuffler (1913-1980) zu verdanken. Seine Forschungen brachten den Beweis dafür, daß Sehen ein Prozess der Informationsverarbeitung ist, denn er entdeckte in den 1950er Jahren den ersten und wichtigsten Schritt dieser Kaskade. Er zeichnete die Aktivität retinaler Ganglienzellen auf und stellte fest, daß er sie mit kleinen Lichtpunkten zum „Feuern" anregen konnte. Natürlich war schon lange klar, daß das Auge auf Licht reagiert, aber Kuffler ging sehr systematisch vor und erkannte,

Abb. 1-5: Machsche Streifen

daß die Zellen umso besser reagierten, je kleiner der reizende Lichtpunkt war. Aus dem Umstand, daß große Punkte weniger effektiv waren als kleine schlußfolgerte er, daß die Ganglien-

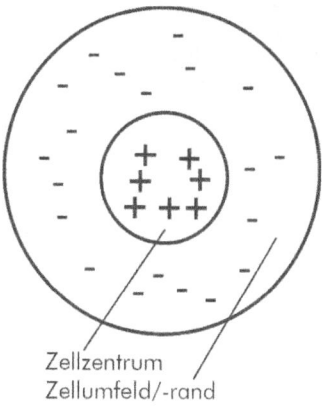

Abb. 1-6: Eine retinale Ganglienzelle in Center/Surround Organisation. Die Plus- und Minuszeichen zeigen an, welche Bereiche ihres rezeptiven Feldes wie auf Licht reagieren.

Entstehung des wahrgenommenen Bildes

zellen durch das auf die Zentren ihrer rezeptiven Felder (der von ihnen abgedeckte Netzhautbereich) einfallende Licht nicht nur erregt, sondern gleichzeitig gehemmt wurden, wenn Licht auf die unmittelbare Umgebung der Zentren fiel (Kuffler 1953).

Dieser Zellorganisation wird **Center/Surround** genannt und ist von fundamentaler Bedeutung für die Reizverarbeitung im Nervensystem, denn sie macht die Zellen empfindlich für die Unterbrechungen der Lichtmuster im Retinabild (die Kanten und Grenzflächen der Objekte) und unempfindlich gegen Änderungen der absoluten Lichtmenge bzw. deren stufenweise Veränderung, die beide von weniger großer Bedeutung sind. Eine ganze Anzahl visueller Wahrnehmungen, beispielsweise Helligkeit, Farbe, Bewegung und räumliche Tiefe, basiert auf der Center/Surround Organisation.

Mit der Center/Surround Organisation lassen sich die machschen Streifen anhand Abb. 1-7 wie folgt erklären: Zelle A wird durch den im Vergleich dunkelsten Streifen am wenigsten erregt. Das rezeptive Feld von Zelle B fällt dagegen auf den hellsten Streifen, wodurch sie am stärksten erregt wird. Das positiv auf Lichteinfall reagierende Zentrum von Zelle C fällt vollständig in den dunkelsten ersten Streifen, ihr negativ reagierendes Umfeld liegt demgegenüber zu einem Teil innerhalb des etwas helleren zweiten Streifen. Aus diesem Grund generiert das Umfeld eine hemmende Reaktion, die die Zelle im Ergebnis einen dunkleren Streifen „sehen" läßt als jene Zellen, deren rezeptive Felder komplett innerhalb desselben Streifens liegen (beispielsweise Zelle A). Das umgekehrte Phänomen erkennen wir an Zelle D. Ihr positiv auf Licht reagierendes Zentrum liegt ganz im hellsten dritten Streifen, ihr negativ antwortendes Umfeld zu einem Teil im dunkleren Mittelstreifen. Auch hier generiert das Umfeld eine hemmende Reaktion, die die Zelle diesmal einen helleren Streifen „sehen" läßt als Zelle B.

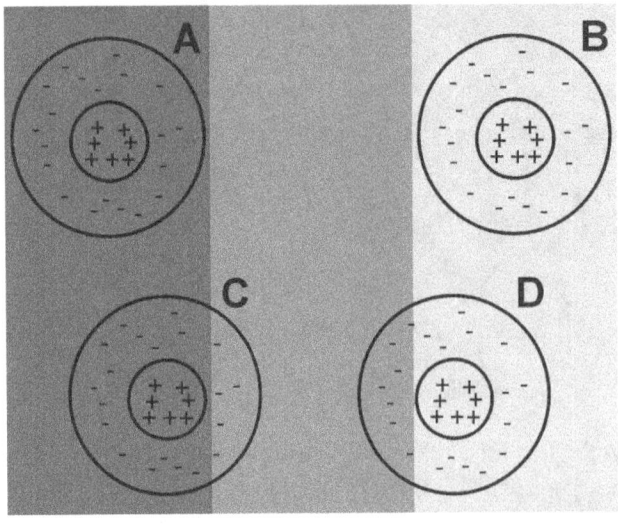

Abb. 1-7: Erklärung der Machschen Streifen

Zweiter Schritt – Beginn der Informationsverarbeitung
Center/Surround Organisation

Die Kontrastverstärkung (daß die Innenkanten dunkler und die Außenkanten heller erscheinen) an den Grenzen zwischen den einzelnen Streifen in Abb. 1-5 ist also auf die Konkurrenz zwischen Zellen, deren rezeptive Felder ganz innerhalb eines Streifens liegen und solchen, deren rezeptive Felder zu einem Teil im jeweils anderen Streifen liegen zurückzuführen. Die wahrgenommenen Helligkeitsverläufe innerhalb der Streifen rühren daher, daß die Zellen mit zunehmender Entfernung zur Kante immer weniger und irgendwann gar nicht mehr von ihrem Umfeld gehemmt werden und so eine feine Treppenbildung entsteht.

Fehlt noch die Begründung für die Herausbildung der Center/Surround Organisation. Es ist sehr sinnvoll, weil ökonomisch, daß das visuelle System die Objekte anhand der Unterbrechungen der Lichtmuster verarbeitet, denn so braucht es nur jene Bildteile zu kodieren, an denen sich etwas verändert und nicht etwa das Bild als ganzes. Kanten und Grenzflächen sind die einzig wichtigen Informationen, die der Apparat in unseren Köpfen braucht, um die Formen, die Gestalten der Dinge in unserer Umwelt zu konstruieren. Es ist unnötig, Helligkeit und Farbe an jedem einzelnen Punkt eines beispielsweise durchgehend roten Gegenstands zu definieren. Statt dessen

Abb. 1-8: Graphik im .tif Format, 4575 KB

reicht es völlig aus dies überall dort zu tun, wo sich etwas ändert. Und das ist eben an einer Kante oder Grenzfläche der Fall. Auf diese Weise reduziert sich die zu übertragende und zu verarbeitende Informationsmenge erheblich. Um wie viel genau, illustrieren Abb. 1-8 liegt im .tif Format vor und ist 4575 KB groß. Tif legt jedes einzelne Pixel im Hinblick auf seine Farbigkeit fest. Abb. 1-9 ist ins .jpeg Format gewandelt worden und nur noch 29 KB groß – 157

Abb. 1-9: Graphik im .jpeg Format, 29 KB

Entstehung des wahrgenommenen Bildes

mal kleiner also, ohne daß wir einen Unterschied wahrnehmen. Die Reduzierung rührt daher, daß .jpeg, genau wie das visuelle System, nur jene Pixel definiert, an denen sich etwas ändert. In der Datei steht nur die Position der Kante und die Farbe auf der Innen- bzw. Außenseite. Die Pixel dazwischen füllt das Bildverarbeitungsprogramm automatisch.

Diese Reduzierung der Informationsmenge ist für das Nervensystem im Allgemeinen eminent wichtig, denn damit eine Nervenzelle feuert, ist Energie nötig und mit diesem Rohstoff muss der Körper so sparsam wie möglich umgehen. Bedenken Sie, daß das Gehirn einen besonders hohen Sauerstoff- und Energiebedarf besitzt. Es macht nur etwa 2 % der Körpermasse aus, verbraucht aber etwa 20 % des Sauerstoffs und mehr als 25 % der Glukose. Je weniger Nervenzellen aktiv sind, umso besser ist es also für den Organismus.

Dritter Schritt – Kategorisierung der Informationen

Noch bevor die vom Lichtreiz ausgelösten Aktionspotentiale der Nervenzellen die Netzhaut verlassen, findet eine wichtige Informationsteilung statt. Etwas weiter oben war bereits die Rede davon, daß die Retina über zwei Hauptgattungen an Ganglienzellen verfügt, die kleinen **Magno-Ganglienzellen** und die großen **Parvo-Ganglienzellen**. Beide Arten sind über die ganze Netzhaut verteilt und erhalten ihren Input über die Verzweigungen am oberen Ende, die Dendriten. Je ausgeprägter die Dendriten sind, mit umso mehr Photorezeptoren stehen sie in Kontakt. Die Anzahl dieser Kontakte bezeichnet man als rezeptives Feld der Zelle. Egal an welcher Stelle der Retina, die großen Magno-Ganglien besitzen immer größere rezeptive Felder als die kleinen Parvo-Zellen. Über den Nervenausgang an ihrer Unterseite schicken die Ganglienzellen ihre Signale ans Gehirn. Die Zusammenfassung all dieser Fasern ist der Sehnerv, der das Auge am sogenannten blinden Fleck der Netzhaut verlässt.

Die Unterscheidung der Magno- und Parvo-Ganglien ist von so großer

Dritter Schritt – Kategorisierung der Informationen Wo und Was

Bedeutung, weil sie zwei unterschiedliche Wahrnehmungskanäle begründen, von denen der eine farbenblind ist (also nur Helligkeitswerte nutzt) und der andere farbempfindlich ist: das **Wo-System** und das **Was-System**. Beide Kanäle ziehen sich von dieser letzten Schicht der Netzhaut bis in die höheren Hirnareale. Dort ist die Informationstrennung dann allerdings nicht mehr ganz strikt, denn mit zunehmender Spezialisierung der Verarbeitung zeigt sich, daß unterschiedliche visuelle Attribute kombiniert verarbeitet werden (Gegenfurtner, Kiper & Fenstemaker 1996). Für die Wahrnehmung von Form und Bewegung ist beispielsweise nachweisbar, daß wir sie auch an Objekten erkennen, die nur durch Farbe bestimmt sind (deren Helligkeitswerte gleichwertig – isoluminant – sind) (Gegenfurtner & Hawken 1996).

Aus der Untersuchung von Affen, deren magno- bzw. parvozelluläre Schichten im Corpus geniculatum laterale (siehe nächster Abschnitt) experimentell zeitweise ausgeschaltet wurden, wissen wir, daß beide Systeme die von ihren Vorgängerzellen gelieferten Informationen nach unterschiedlichen Aspekten verarbeiten. Tiere, bei denen die Magno-Schichten unterbrochen wurden, wiesen deutliche Einschränkungen des Bewegungssehens auf, während solche mit Hemmung der Par-

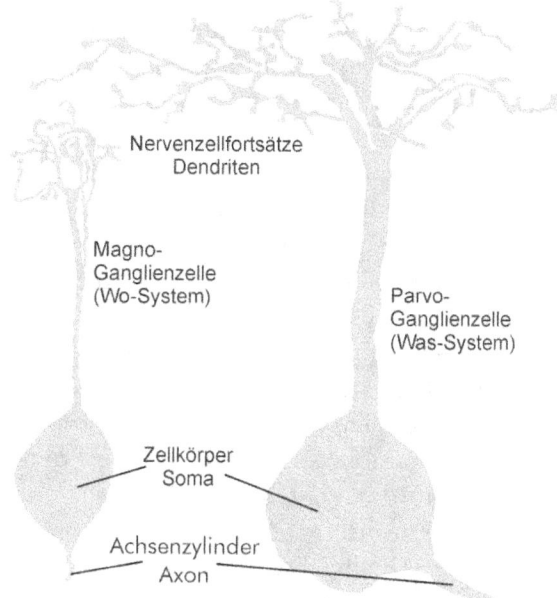

Abb. 1-10: Magno- und Parvo-Ganglienzellen

vo-Schichten Defizite in der Farb- und Tiefenwahrnehmung zeigten (Schiller, Logothetis, Charles 1990). Versuche mit Menschen, die einen räumlich eng begrenzten Schlaganfall erlitten haben, unterstützen diese Erkenntnisse. Erlitten sie Läsionen im Zweig des Wo-Systems, so wiesen sie verschiedene Apraxien auf, also Störungen in der visuellen Informationsverarbeitung, die der Steuerung motorischer Funktionen zugrunde liegt. Schädigungen im Zweig des Was-Systems führten zu Agnosie (Störung der Objekterkennung), Prosopagnosie (Störungen in der Fähigkeit Gesichter zu erkennen)

Entstehung des wahrgenommenen Bildes

oder zentraler Achromatopsie (Verlust der Farbwahrnehmung). Die Untersuchungen erbrachten zudem Hinweise darauf, daß das Was-System nochmals unterteilt ist in ein Formsystem, welches sowohl Helligkeit als auch Farbe nutzt, um die Umrisse von Objekten zu definieren und ein geringer auflösendes Farbsystem, daß die Oberflächenfarbe bestimmt. Die nebenstehende Tabelle faßt die Eigenschaften der beiden Hauptkanäle detailliert zusammen.

Nun stellt sich natürlich die Frage, warum das visuelle System die Wahrnehmung derart unterteilt und parallelisiert hat und warum sich die beiden Kanäle in ihren Eigenschaften so unterscheiden. Die Antworten liefert ein Blick in die Evolutionsgeschichte. Das Wo-System ist alt und in allen Säugetierarten zu finden. Ihnen genügt es, sich in ihrer Umgebung räumlich zu orientieren, Objekte zu unterscheiden und, besonders wichtig, Bewegungen zu erkennen, denn was sich bewegt, ist entweder Nahrung oder ein Fressfeind, also wichtig. Um diese Anforderungen zu erfüllen, ist es unnötig Farben wahrzunehmen oder Objekte ganz genau zu erkennen. All dies gewann erst mit der Entwicklung der höheren Säugetierarten an Bedeutung, an deren Spitze die Primaten stehen. Anstatt nun für sie ein ganz neues visuelles System auszuklamüsern, behielt die Evolution das alte bei und legte einfach nur eine zweite Schicht darüber, die die jetzt notwendigen Fähigkeiten mitbrachte. Dies ist vielleicht nicht der fehlerfreieste Weg, aber ganz bestimmt der einfachste und resourcenschonendste. Und nach der letzten Prämisse handelt die Evolution immer.

Das Argument der Resourcenschonung läßt sich zur Begründung für die getrennte Informationsverarbeitung noch weiter ausführen. Denn es ist besonders wirkungsvoll und effizient jene Daten, die dasselbe beschreiben, auch zusammen und vor allem an derselben Stelle zu verarbeiten. In diesem Sinne ergibt sich eine natürliche Trennung jener Informationen, die die Form und Farbe eines Objekts definieren von denen, die seine Position im Raum oder Bewegung angeben. Unter der Maßgabe dieser Trennung braucht das Gehirn nicht womöglich weit entfernte Bereiche miteinander zu verbinden, was eine Verschwendung der knappen Mittel wäre, und kann jeden Einzelbereich in der notwendigen Art spezialisieren.

So besteht die Hauptaufgabe des neuronalen Netzwerks in der Retina darin, die Ausgabesignale der Photorezeptoren nach bestimmten Merkmalen zu kanalisieren. Farbe, Form, Bewegungsrichtung und Geschwindigkeit sind hier die Hauptschlagworte.

Dritter Schritt – Kategorisierung der Informationen Wo und Was

	Wo-System Magnozellulär	Was-System Parvozellulär
Farbe	Ist farbenbling	Verarbeitet Farbinformationen
Kontrast	Besitzt hohe Kontrastempfindlichkeit	Benötigt eine größere Unterschiedsschwelle zwischen hell und Dunkel
Geschwindigkeit	Arbeitet mit hoher Geschwindigkeit, ermüdet dafür aber schnell. Es führt also nur eine oberflächliche Analyse der Szene durch.	Läuft mit geringerer Geschwindigkeit und ist aus diesem Grund ausdauernder. Denn es dient dazu eine Szene detailliert zu erschließen
Auflösung	Ist gering, weil die Ganglienzellen mit jeweils allen drei vorkommenden Photorezeptoren verschaltet sind	Ist um den Faktor zwei bis drei höher, weil die Ganglienzellen mit nur einem oder zwei Photorezeptoren verschaltet sind. Der Was-Kanal ist selbst jedoch weiter unterteilt in ein Formsystem, das Helligkeits- und Farbinformationen nutzt, um die Formen der Objekte zu erkennen, und ein gering auflösendes Farbsystem, welches die Oberflächenfarben beschreibt.

Aus dem Bild eines auf einer belebten Straße an uns vorbeifahrenden roten Autos werden Daten nach diesen Gesichtspunkten extrahiert: Geschwindigkeit und Richtung der Fahrt und aller weiteren Bewegungen, die Formen und Linien der verschiedenen Objekte transportiert das Wo-System, die unterscheidbaren Wellenlängen des einfallenden Lichts, aus denen der Farbeindruck wird, fließen im Was-System. – Vom Computer wissen wir ja, daß solche abstrakten, Vektor orientierten beziehungsweise auf ihre Kenndaten geschrumpften, Daten weniger Speicherplatz und Verarbeitungskapazität beanspruchen als die Gesamtzahl aller Punkte, die ein Bild ausmachen. Und auch das Gehirn ist nur durch die Trennung und parallele Verarbeitung

Entstehung des wahrgenommenen Bildes

der visuell wahrgenommenen Daten in der Lage, die anfallenden großen Informationsmengen in adäquater Zeit zu bewältigen. Denselben Ansatz finden wir erstaunlicherweise ebenfalls im Bereich des hochauflösenden digitalen Fernsehens (HDTV) und der Computer-Graphik. Dort werden Informationen zu Form und Farbe eines Objekts getrennt von denen zu seiner Position und Bewegungsrichtung behandelt.

Vierter Schritt – Weiterleitung und Filterung

Auf dem Weg zu den höheren Verarbeitungszentren des Gehirns passieren die in den Wo- und den Was-Kanal geteilten Daten nun die **Kreuzung der Sehbahn** (Chiasma opticum) wenige Zentimeter hinter den Augen. Jede Retina ist senkrecht in eine linke und eine rechte Hälfte geteilt (quasi innen und außen). An der Kreuzung wechseln die Sehnervenfasern dieser beiden Hälften die Seite, um zu der ihnen entsprechenden Hirnhälfte zu ziehen. Die rechten Hälften jeder Netzhaut werden also in der rechten Großhirnhemisphäre, die linken Hälften jeder Netzhaut in der linken Großhirnhemisphäre repräsentiert (siehe Abb. 1-14 auf S. 30). Durch diese Art der Datenaufteilung ist es dem visuellen Apparat möglich, die Bilder beider Augen zu vergleichen und das legt den Grundstein für die Wahrnehmung von räumlicher Tiefe.

Danach folgt mit dem **Corpus geniculatum laterale** (CGL, auch Kniehökker) im Thalamus des Zwischenhirns die erste höhere Verarbeitungsstation. Hier enden rund 90 % der Sehnervenfasern. Die übrigen 10 % laufen am CGL vorbei oder ohne Umschaltung hindurch und enden im Hypothalamus, der Area praetectalis und den Colliculi superiores. Ihre Informationen dienen nicht dem Sehen, sondern den reflektorischen Kopf- und Augenbewegungen, dem Pupillenreflex, dem Tag-Nacht-Rhythmus usw. Die Neuronen des CGL erhalten jedoch nicht nur Input von der Netzhaut, sondern weit mehr von der Großhirnrinde und dem Thalamus. All diese Informationen werden hier miteinander kombiniert und gelangen als Sehstrahlung zur primären Sehrinde. Damit ist der CGL eine mächtige Schaltstation des visuellen Systems, quasi ein Pförtner, der bewertet und aussondert. In ihm manifestiert sich die mit den beiden Ganglienklassen vorgenommene Informationsteilung in zwei anatomisch deutlich unterscheidbaren Bereichen.

Vierter Schritt – Weiterleitung und Filterung

Zuunterst liegen die beiden **magnozellulären Schichten**, zu denen die Signale der großen Magno-Ganglienzellen laufen. Sie besitzen auffällig große Zellen und sind entwicklungsgeschichtlich am ältesten, weswegen wir sie uns mit allen anderen Säugetierarten teilen. In ihnen setzt sich der Zweig der **Wo-Bahn** fort, weswegen sie für die Wahrnehmung von Bewegung, räumlicher Tiefe und Dreidimensionalität, Position, Figur-Grund-Trennung und allgemeiner Organisation einer visuellen Szene zuständig sind. Sie sind zwar farbenblind, aber hoch kontrastempfindlich und arbeiten sehr schnell.

Zuoberst finden wir die vier **parvozellulären Schichten**, die ihren Input von den kleineren Parvo-Ganglienzellen erhalten. Ihre Zellen sind feiner strukturiert und sie finden sich nur in entwicklungsgeschichtlich relativ jungen Primaten-Arten, zu denen auch wir Menschen zählen. Mit ihnen setzt sich der Zweig der **Was-Bahn** fort und so verantworten sie unsere detaillierte Objekt-Wahrnehmung einschließlich Gesichtern. Sie reagieren hochselektiv auf Farbinformationen, sind weniger kontrastempfindlich und arbeiten langsamer als die Wo-Zellen.

In den rund 1,5 Millionen Zellen des CGL manifestiert sich eine erste grobe und noch unbewusste Wahrnehmung in Form von Linien, Formen

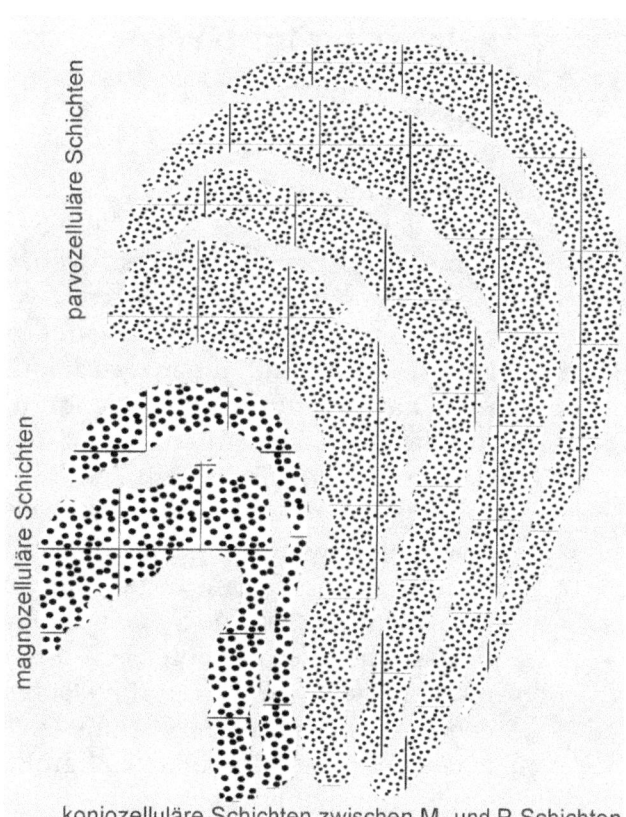

Abb. 1-11: Schnitt durch das Corpus geniculatum laterale (CGL), den seitlichen Kniehöcker im Thalamus

und Farben, die zunächst nach ihrer Wichtigkeit sortiert werden. Der CGL ist also ein Filter, der es dem Gehirn erspart die ganze Vielfalt der visuellen Eindrücke verarbeiten zu müssen. Die für wichtig genug befundenen visuellen Daten dürfen die Pförtner CGL passieren und gelangen zur primären Sehrinde.

Entstehung des wahrgenommenen Bildes

Exkurs – Gehirn und Nervenzellen

Nach diesem Aufenthalt auf der untersten Ebene des visuellen Systems ist es Zeit zu schauen, wohin die von den Photorezeptoren ausgesandten Nervenimpulse wandern und was dort mit ihnen geschieht. Klar, daß sie zum Gehirn wandern, wohin auch sonst! Aber was ist das Gehirn eigentlich? Ein großer Zellhaufen, in dem sich unsere Umwelt bloß irgendwie spiegelt, oder ein strukturiertes Organ, daß unsere Wahrnehmung und noch vieles mehr in spezialisierten Teilbereichen organisiert? Bevor wir hier in die Details gehen können, müssen wir uns erstmal einen Überblick über das große Ganze verschaffen.

„Every organism lives out its day in relation to, and as part of, a larger environmental context. All but the most primitive organisms receive information from this context through sense organs and process it, together with information from other sources, in a nervous system."
William Ittelson

In seiner Substanz besteht das Gehirn aus der unvorstellbar großen Zahl von rund 200 Milliarden Nervenzellen, den **Neuronen**. Sie produzieren die Eingangs- und Ausgangssignale des Hirns, jene schwachen elektrischen Impulse, die unsere Wahrnehmung und unser Denken erst ermöglichen.

Die Neuronen bestehen aus dem **Zellkörper** (Soma) und den **Nervenzellfortsätzen** (Dendriten), die Informationen von anderen Nervenzellen erhalten sowie dem **Achsenzylinder** (Axon), der dazu dient Informationen an andere Zellen weiterzugeben. Der Körper der Nervenzelle hat eine Größe von etwa 5-100 Mikrometer (1 µm = 1 millionstel Meter), während sich die Nervenzellfortsätze auf einem Durchmesser von ca. 1 µm verjüngen. Ein Nervenzellfortsatz kann bis zu einem Meter lang sein und eine einzige Nervenzelle kann bis zu 10 000 Fortsätze haben.

Ihrer Funktion nach lassen sich Nervenzellfortsätze, Zellkörper und Achsenzylinder grob nach Eingabe, Verarbeitung und Ausgabe unterteilen. Die Dendriten summieren beispielsweise die durch Lichtreizung einer retinalen Sinneszelle hervorgerufenen Ausgabesignale der umgebenden Neuronen in Form eines elektrischen Potentials. Wird im Soma ein

Exkurs – Gehirn und Nervenzellen

bestimmter Schwellenwert überschritten, entsteht ein kurzer elektrischer Impuls, der über das Axon an die Nachbarzellen weitergegeben wird. Wir sagen, die Zelle „feuert". Dieser Impuls wird über Kontaktstellen, die sogenannten **Synapsen**, übertragen. Synapsen sitzen auf den Verästelungen der Dendriten. Je nach Art und Zustand der Synapse bewirkt ein eintreffender Impuls eine unterschiedlich kräftige Potentialerhöhung oder -erniedrigung im Zielneuron und einen Rückkoppelungsprozess, der die Aktivität aller beteiligten Nervenzellen dementsprechend weiter erhöht oder erniedrigt.

Im Verlauf der Evolution hat sich das Gehirn aus einem nur die Lebenserhaltungssysteme kontrollierenden Zentrum zur bewußtseinspendenden Steuerzentrale unseres Körpers entwickelt. Äußerlich unterscheidbar sind das mit rund 80 % der Hirnmasse besonders auffällige **Großhirn**, das den unteren Bereich des hinteren Teils einnehmende **Kleinhirn** und der davor liegenden, ins Rückenmark übergehende, **Hirnstamm**.

Das **Großhirn** bildet den am höchsten entwickelten Bereich. Ihm sind Funktionszentren wie Bewegungen, Sinnesempfindungen, Hören, Sehen, Geruch, Sprache und Gedächtnis zugeordnet. Anatomisch gliedert es

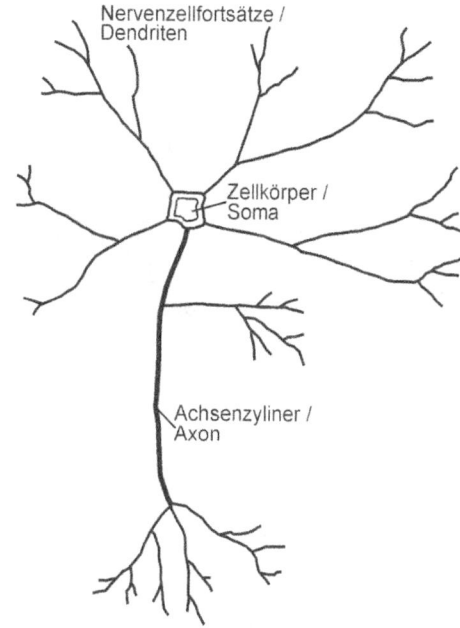

Abb. 1-12: Schematische Darstellung einer Nervenzelle

sich in die linke und rechte Großhirnhälfte, die sogenannten Hemisphären. Auch das **Kleinhirn** ist in mehrere Teile gegliedert und dient vor allem der Koordination der Muskelbewegungen. Der **Hirnstamm** kontrolliert die grundlegenden Funktionen der Blutzirkulation, des Herzschlags und der Lungenaktivität sowie Reflexe wie Gähnen, Husten, Niesen und Erbrechen. Tief im Hirninnern liegen die beiden folgenden Bereiche: Das aus Thalamus (Sensorik und Motorik), Hypothalamus (Hormonsystem) und Epithalamus (biologische Uhr)

Entstehung des wahrgenommenen Bildes

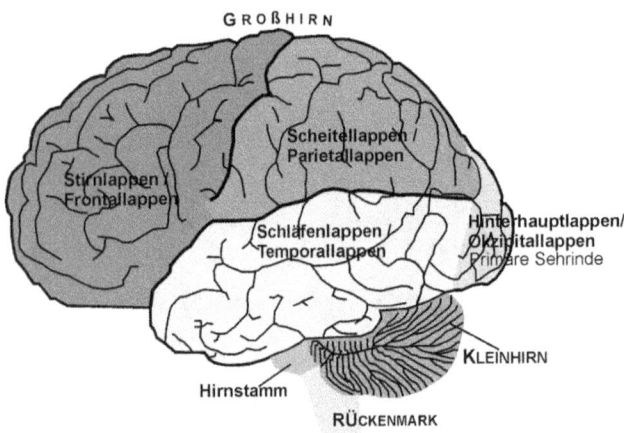

Abb. 1-13: Vertikaler Schnitt durch das menschliche Hirn

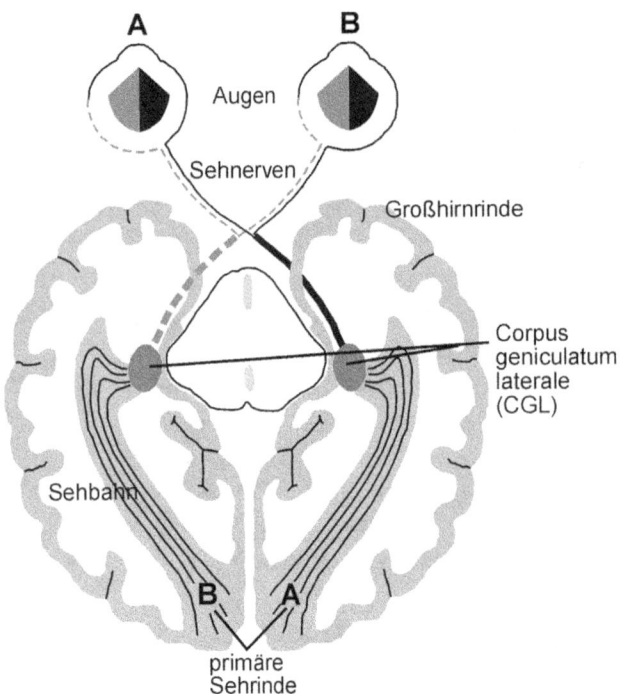

Abb. 1-14: Horizontaler Schnitt durch das menschliche Hirn mit den wichtigsten Stationen der Sehbahn

bestehende **Zwischenhirn** sowie das unter anderem die Augenbewegungen kontrollierende **Mittelhirn**.

Für den Prozeß der visuellen Wahrnehmung ist das Großhirn am wichtigsten. In seinen beiden Hälften werden von vorn nach hinten die folgenden, analog in der rechten und linken Hirnhemisphäre vorkommenden, Abschnitte unterschieden. Der den weiten Vorderbereich einnehmende **Stirnlappen** (auch Frontallappen), der für die Aufmerksamkeit und das Einsetzen der Muskeltätigkeit zuständig ist. Der seitlich liegende **Schläfenlappen** (auch Temporallappen), der mit der Verarbeitung von Sprache und begrifflichem Denken betraut ist. Der darauf folgende **Scheitellappen** (auch Parietallappen), in dem die sinnliche Wahrnehmung, die räumlich-visuellen Prozesse und die Körperorientierung angesiedelt sind und der am hinteren Hirnende befindliche **Hinterhauptlappen** (auch Okzipitallappen) die Heimat der **primären Sehrinde**.

So können wir festhalten, daß das Gehirn ein großer Haufen komplex miteinander verbundener Nervenzellen ist, in denen unsere Umwelt als verständliche Realität entsteht.

Fünfter Schritt – Sortierung der Richtungen

Nach dem kurzen Exkurs schließen wir hier wieder an unsere Verfolgung der Datenverarbeitung des visuellen Systems an. Der **Corpus geniculatum laterale** projiziert seine neurologischen Erregungsmuster weiter zu den rund 200 Millionen Zellen der **primären Sehrinde** (Areal V1), einer rund 3 mm dicken und nur scheckkartengroßen Schicht am hinteren Ende der beiden Hirnhälften. Sie ist entwicklungsgeschichtlich jünger als der CGL und es scheint nur folgerichtig, daß ihre ausgefeilte Datenanalyse eine Fortentwicklung des primitiven, aber noch immer nützlichen, unbewußten Sehens des CGL darstellt.

Wie uns die neurobiologischen Forschungen am visuellen Kortex der Katze gezeigt haben, gliedert sich die **Sehrinde** leicht vereinfacht in parallele Schichten und senkrecht durch diese verlaufende Blöcke, immer abwechselnd einen für das linke und das rechte Auge. In dieser an ein Kreuzworträtsel erinnernden Struktur verarbeitet jedes Kästchen die Signale eines einzelnen eigenen Bereichs der Netzhaut, die so in einer Art Karte repräsentiert wird.

Allerdings sind nicht alle Bereiche gleichmäßig vertreten, denn obwohl die ungefähr mittig auf der Netzhaut gelegene Zone des schärfsten Sehens (Fovea zentralis) nur 0,01% der Retinafläche einnimmt, entfallen auf sie 8% der Neuronen in der primären Sehrinde. Die große Sehschärfe dieses Bereichs hat ihren Grund folglich nicht nur in der hohen Konzentration der Stäbchen- und Zapfenzellen und der Art ihrer Verschaltung in der Retina, sondern auch in der überproportional großen Fläche des visuellen Kortex, die der weiteren Verarbeitung dient.

Die wirkliche Besonderheit vieler Zellen in der komplizierten Struktur der primären Sehrinde erkannten David Hubel und Thorsten Wiesel, beide Schüler des Pioniers Stephen Kuffler, sechs Jahre nach dessen bahnbrechender Entdeckung der Center/Surround Organisation, im Jahr 1958. Nachdem sie stundenlang versucht hatten eine einzelne Zelle im visuellen Kortex einer Katze mit verschieden großen Kreismustern zu erregen und dabei nur sporadische Reaktionen aufzeichneten, stellen sie mehr oder weniger zufällig fest, daß diese Antworten nicht den kleinen runden Reizen geschuldet waren, sondern immer dann auftraten, wenn sie das Testdia in den Projektionsapparat beförderten oder es herauszogen. Hubel schreibt dazu

Entstehung des wahrgenommenen Bildes

„We tried everything short of standing on our heads to get it to fire" (Hubel 1995, S. 69).

Ganz präzise reagierte die Zelle dann, wenn der Schatten des Glases exakt horizontal auf die Retina fiel. Alle anderen Orientierungen entlockten ihr dagegen nur Schweigen. Das war ein Dammbruch in dessen Folge Hubel und Wiesel zahlreiche andere Zellen mit Linienmustern testeten, die in allen denkbaren Richtungen orientiert waren. Die Erkenntnis: Innerhalb der vertikalen Blöcke der primären Sehrinde finden wir in jeder Schicht sogenannte **einfache Zellen**, die nur auf eine ganz bestimmte räumliche Orientierung (horizontal, vertikal, diagonal und die Abstufungen dazwischen) oder Bewegungsrichtung (von links nach rechts, von oben nach unten, etc.) der auftretenden visuellen Reize mit einem elektrischen Impuls reagieren. Eine normale Entwicklung vorausgesetzt sind den Forschungsergebnissen zufolge alle möglichen Orientierungen und Bewegungsrichtungen gleichmäßig in der Anzahl der Nervenzellen präsent (Hubel & Wiesel 1959). Hubel und Wiesels Entdeckung legt nahe, daß der nächste Schritt der visuellen Informationsverarbeitung nach der Center/Surround Organisation, die dazu dient, alle grundlegenden Übergänge und Kanten einer visuellen Szene aufzuspüren, jener ist, diese Kanten und Grenzflächen nach **Richtungen** zu sortieren. Dazu integrieren die Zellen der Sehrinde die Daten einzelner Ganglienzellgruppen des CGL. Für welche Richtung eine einfache Zelle empfindlich ist, hängt von der Ausrichtung der rezeptiven Felder der Center/Surround Zellen ab, die sie speisen.

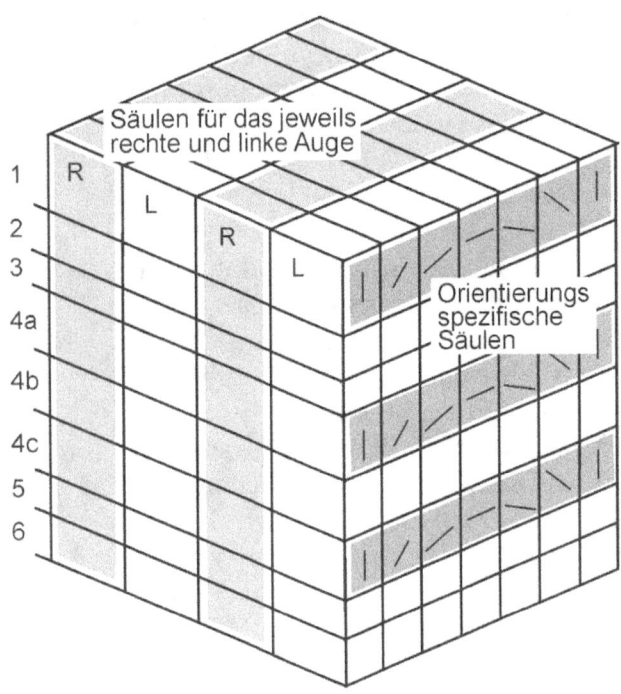

Abb. 1-15: Schematischer Aufbau der Sehrinde.
Schichten 1-3 leiten Daten weiter zu Hirnarealen in der „Wo-Bahn" bzw. der „Was-Bahn"
Schichten 4a-4c empfangen Daten vom CGL
Schichten 5-6 leiten Daten zurück zum CGL/Thalamus

Fünfter Schritt – Sortierung der Richtungen

Weitere Forschungen an funktionell höheren Schichten der Sehrinde förderten Zellen zutage, die auf ausgedehntere-, verdeckte oder unterbrochene Konturen, Ecken oder Krümmungen ansprechen. Dies leisten die sogenannten **Komplexen Zellen** bzw. **Hyperkomplexen Zellen**, indem sie die vorverdauten Daten von in Gruppen zusammengefaßten Einfachen Zellen aufnehmen und weiterverarbeiten. Von Verarbeitungsstufe zu Verarbeitungsstufe werden die Zellen also immer spezialisierter, sprechen aber gleichzeitig auf immer größere Bereiche des visuellen Feldes an. So ist das visuelle System in der Lage aus den wahllosen einzelnen Kanten auf der Ebene der Center/Surround Zellen die komplexen Objekte zu konstruieren, aus denen unsere Umwelt besteht. Ganz so, als ob wir ein Bild anfertigen, indem wir einfach einzelne Punkte miteinander verbinden.

David Hubel und Thorsten Wiesel hatten erkannt, daß die Ganglienzellen in der Retina und im CGL (Center/Surround) und ihre Verwandten im visuellen Kortex (Einfache Zellen und Komplexe Zellen) eine Hierarchie der Informationsverarbeitung bilden und Sehen eben das ist: ein aktiver Prozess der Informationsverarbeitung und nicht bloß passive Bildwahrnehmung!

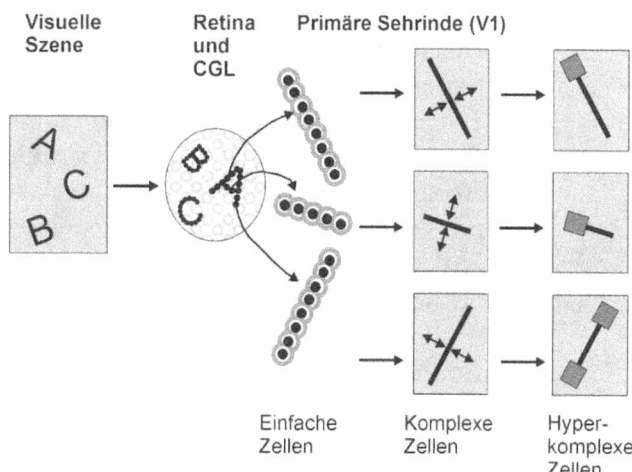

Abb. 1-16: Visuelle Verarbeitungsstufen
Die Retina und der CGL „sehen" die Position der Objekte, die einfachen Zellen erkennen die Orientierung der einzelnen Segmente, die komplexen Zellen erfassen die Bewegungsrichtung und die hyperkomplexen Zellen die Kanten und Winkel.

Damit erschöpft sich das Werk dieser beiden Wissenschaftler aber noch nicht. In den 1970er Jahren forschten sie über die Entwicklung bzw. Nichtentwicklung der Zellen und Strukturen des visuellen Systems. Dabei fanden sie heraus, daß bei Katzenjungen das beispielsweise zwei- oder dreimonatige Verdunkeln eines Auges nach den ersten Lebenstagen zu permanenter Blindheit durch eine irreversible Minderentwicklung von Nervenzellen im visuellen Apparat führt. Adulte Tiere erlangen dagegen nach derselben Prozedur ihre normale Sehfähig-

Entstehung des wahrgenommenen Bildes

keit schnell wieder. Weitergehende Tierversuche, in denen Jungtiere unter strenger Kontrolle ihrer visuellen Umgebung aufwuchsen (ihnen wurden beispielsweise nur vertikale schwarze und weiße Streifen beziehungsweise vertikale Konturen auf einem Auge und horizontale auf dem anderen angeboten), ergaben den Verlust von den für andere Orientierungen sensiblen Nervenzellen in der primären Sehrinde. Alle Leistungen des Gehirns müssen erst trainiert werden, was nichts anderes heißt, als daß sich die neuronalen Verschaltungen den angebotenen Reizen anpassen müssen. Allein das Nicht-Wahrnehmen von visuellen Mustern und Bewegungen während einer bestimmten Zeit der Entwicklung, in der das Gehirn eine besondere Plastizität aufweist, führt demzufolge zu dauerhaften Fehlentwicklungen (Hubel 1978). Das Gehirn wandelt sich zwar ständig und so lange der Organismus lebt, jedoch ist die erste Lebensphase besonders wichtig.

Und auch im erwachsenen Gehirn können Lernprozesse und äußere Einwirkungen die Grundstruktur des visuellen Systems verändern. Um diese Effekte zu provozieren, wurden die Nervenzellen der Sehrinde von Versuchstieren mit schwachen elektrischen Strömen stimuliert. Der Energiefluß aktivierte viele Zellen in einem nur rund 1/10 mm messenden Bereich, wodurch sich die Reizübertragung zwischen ihnen zunächst kurzzeitig, durch mehrmalige Aktivierung über wenige Stunden hinweg aber dauerhaft veränderte. Nachvollziehbares, weil über das Maß der Durchblutung äußerlich sichtbares Ergebnis dieser Veränderung war eine Verschiebung der orientierungsempfindlichen Zellen in den Schichten des visuellen Kortex in einem Areal von mehreren Millimetern Durchmesser. Auch echte visuelle Reize lösen verstärkte elektrische Aktivität im Gehirn aus und dürften, wenn auch nicht so schnell wie die eigentlich bedeutungslosen künstlichen Stimulationen, für ähnliche Veränderungen sorgen. Die Formen und Muster, die wir sehen, beeinflussen die Gestalt der primären Sehrinde und damit direkt unser konstruiertes Bild der Welt – wahrnehmen bedeutet also formen!

Für ihre beschriebenen wegweisenden Entdeckungen erhielten David Hubel und Thorsten Wiesel 1981 den Nobelpreis für Physiologie/Medizin.

Da sich der visuelle Apparat des Menschen mit denen der Versuchstiere vergleichen läßt, ist der Beweis erbracht, daß unsere Umgebung einen direkten Einfluß auf die neuronale Ebene unserer Wahrnehmung hat und sie damit an ihrer Wurzel beeinflusst:

Oft gesehene visuelle Muster schlagen sich in einer überproportional großen Anzahl speziell sensibilisierter Nervenzellen nieder und manifestieren sich mit hoher Wahrscheinlichkeit auch in festen Synapsenverschaltungen, die uns genau diese Muster unbewußt bei der Auswahl bevorzugen lassen. Das wiederholte Betrachten bestimmter Bilder oder Muster beeinflusst damit direkt unseren Stil. Genau deshalb dürfen wir uns mit Galen Rowell fragen „... *how much of the seeing ability of our greatest photographers was hard-wired into their heads before they ever picked up a camera*" (Rowell 1993, S. 20-21).

Sechster Schritt – Erzeugung der Eindrücke

Von der primären Sehrinde aus werden die visuellen Botschaften auf die annähernd 30 unterschiedlichen Sehzentren der Großhirnrinde verteilt. Und auch hier können wir den beiden getrennten Kanälen der Wo- und Was-Bahn folgen. Die **Was-Bahn** verläuft vom Hinterhauptslappen schräg nach unten in den Schläfenlappen. Die hier durchquerten Areale werten vor allem Daten zur Farbe und Form aus und geben uns Aufschluß darüber „‚Was" ein Objekt ist. Die **Wo-Bahn** legt einen kürzeren Weg zurück und endet im Scheitellappen oberhalb des Hinterhauptslappen. Die hier beteiligten Areale werten die räumlichen Aspekte aus und vermitteln uns Erkenntnisse über Entfernungen und Bewegungen.

Ein erfolgversprechender Ansatz, um zu Erklären wie aus den einzelnen elektrischen Potentialen der immer spezialisierteren Nervenzellen eine zusammenhängende Wahrnehmung wird, scheint die Idee der **Neuronengruppen** zu sein. Sie geht davon aus,

„*Whilst part of what we perceive comes through our senses from the objects before us, another part (and it may be the larger part) always comes out of our own mind.*"
William James

daß alle Zentren sowohl untereinander als auch mit der primären Sehrinde rückgekoppelt sind und somit keine übergeordnete Instanz brauchen, um die Wahrnehmung zu koordinieren. Die Gruppen schließen sich demzufolge zu einem präzise synchronisierten Signalkonzert zusammen, in dem jedes komplexe Muster durch eine

Entstehung des wahrgenommenen Bildes

Anzahl gleichzeitig erregter und miteinanderverschalteter Nervenzellen charakterisiert wird. Damit stehen die Informationen aller Zentren gleichzeitig in einem Moment zur Verfügung und aus dieser synchronen Aktivität der für Rot sensibilisierten Zellen und der Spezialisten für Formen entsteht der Eindruck eines roten Autos.

Aufgrund der unterschiedlich starken Beteiligung der Neuronen entstehen sogenannte **Karten** mit unscharfen Rändern, die auch bei ähnlichen Eindrücken aktiv werden. Die Gesichter uns bekannter Menschen werden also nicht zentral in bitmapähnlichen Einzeldateien gespeichert, sondern bei jedem sind viele gleiche Nervenzellen unterschiedlich stark aktiv. Die einzelnen Karten können ebenfalls über die bloßen Informationen der Sinnesorgane hinaus miteinander interagieren. Eine Karte, die dem visuellen Eindruck des Autos entsprach, interagiert mit der Karte der akustischen Lautfolge „Auto", und die „Auto-Neuronen" sind wieder teilweise aktiv bei den Begriffen „Motor", „Getriebe" und so fort. Folglich baut das Gehirn die visuellen Wahrnehmungen mit großer Wahrscheinlichkeit aus der Kombination ganz bestimmter Objektmerkmale auf.

Die umfassende Sinnesfülle der Wahrnehmung wird aber erst in der darüber hinausgehenden Verknüpfung mit den Daten der anderen Gehirnteile erreicht. Olfaktorische Areale machen das Bewußtsein beispielsweise auf starke Gerüche aufmerksam. Auditive Felder tragen Klänge bei. Der Hippocampus, der große Bedeutung für die Speicherung von Gedächtnisspuren besitzt, stellt die Bilder in den Rahmen früherer Erfahrungen. Das limbische System und die Amygdala, welche uns die Emotionen bescheren, sorgen für positive oder negative Gefühle. Nun ist die visuelle Wahrnehmung nicht mehr bloß schematisch, sondern hat sich zu einer integrierten, vollständigen und wirklichen Erfahrung entwickelt. Wie dieses „Bild" dann aber in unser Bewußtsein gelangt und wie dies überhaupt entsteht, kann uns die Wissenschaft allerdings heute noch nicht abschließend erklären.

2 Die Wahrnehmung des Raums und seiner Ausdehnung

Inhalt

Bausteine unserer Raumwahrnehmung
    Stereoskopie
    Konvergenz und Akkommodation
    Schärfe und Unschärfe
    Bewegungsparallaxe
    Fortschreitendes Zu- und Aufdecken von Flächen
    Verdeckung und Überschneidung
    Relative Größe
    Schattenwurf
    Zentralperspektive
    Atmosphärische Perspektive
    Farbperspektive

Die Wahrnehmung des Raums und seiner Ausdehnung

Bausteine der Raumwahrnehmung

Tiefenkriterien und Entfernungsbereiche			
Kriterium/Entfernung	0-2 m	2-30 m	>30 m
Verdeckung	x	x	x
Relative Größe	x	x	x
Konvergenz und Akkomodation	x		
Bewegungparalaxe	x	x	
Relative Höhe		x	x
Atmosphärische Perspektive			x

Der Raum und die Gegenstände darin dehnen sich in drei Dimensionen aus. Die Größe des Raums, seine Tiefe, ist die Ausdehnung zwischen den Objekten. Je nach dem, wie uns der Raum erscheint, verwenden wir die Attribute „ausgedehnt", „weitläufig", „unendlich", „eng" oder „gepresst". Auf der Netzhaut in unseren Augen erscheint der Raum naturgemäß als nur zweidimensionale Abbildung. Da wir trotzdem Tiefe und Größe auffassen, muss unser visuelles System sie hinzufügen, also konstruieren. In der Photographie müssen wir ohne diese Konstruktionsmechanismen auskommen und können die Tiefe des Raums als 3. Dimension folgerichtig nicht direkt wiedergeben. Hilfestellung, um den Eindruck der Tiefe trotzdem zu transportieren, leistet die Einbeziehung jener Anhaltspunkte, die auch das visuelle System nutzt.

Zur Konstruktion räumlicher Tiefe vertraut unser Wahrnehmungsapparat nicht auf ein einzelnes Kriterium, wie die Zentralperspektive, sondern baut auf verschiedene Anhaltspunkte. Sie können wir unterteilen in die **binokularen Tiefenkriterien**, wie Stereoskopie, Konvergenz und Akkomodation, zu deren Nutzung beide Augen nötig sind und die auch mit nur einem Auge wahrnehmbaren **monokularen Tiefenkriterien**. Zu den letzteren zählen unter anderem die Verdeckung, die relative Größe und die atmosphärische Perspektive. Darüber hinaus sind noch **bewegungsinduzierte Tiefenkriterien**, wie die Bewegungsparallaxe und das fortschreitende Zu- und Aufdecken von Flächen, nachgewiesen. Sie nutzen unsere Bewegung relativ zu den Objekten im Raum und der große Physiologe Hermann von Helmholtz beschrieb schon 1867 eine Situation, in der die Bewegung des Beobachters die Tiefenwahrnehmung befördert: *„Wenn man zum Beispiel in einem dichten Walde still steht, ist es nur in undeutlicher und gröberer Weise möglich, das Gewirr der Blätter und Zweige, welches man vor sich hat, zu trennen und zu unterscheiden, wel-*

che diesem und jenem Baum angehören. ... So, wie man sich aber fortbewegt, löst sich alles voneinander, und man bekommt sogleich eine körperliche Raumanschauung von dem walde, gerade so, als wenn man ein gutes stereoskopisches Bild desselben ansähe." (von Helmholtz 1867, S. 779-780). Im Hinblick auf ihre Wirksamkeit in den verschiedenen Entfernungsbereichen können wir diese Tiefenkriterien wie folgt kategorisieren:

Stereoskopie

Unsere Augen sind nebeneinander versetzt und liefern uns zwei Bilder, die sich zwar in einem weitem Bereich überlappen, trotzdem aber leicht nach rechts und links versetzt sind. Diese zweidimensionalen Netzhautbilder verschmilzt das Gehirn zu einer einzigen Wahrnehmung, die uns durch die Verrechnung der geringfügigen Abweichungen zwischen den Bildern den Eindruck räumlicher Tiefe vermittelt. Dieses sogenannte **stereoskopische Sehen** gibt unserem Wahrnehmungsapparat die wichtigsten Hinweise auf die relativen Entfernungen zwischen den Objekten und bildet die Basis der Tiefenwahrnehmung. Da beide Augen am Zustandekommen der Stereoskopie beteiligt sind, wird sie auch als **binokulares Tiefenkriterium** bezeichnet.

Um uns das stereoskopische Sehen zu ermöglichen, orientiert sich das visuelle System an den **korrespondierenden Netzhautpunkten**. Das sind jene Stellen auf jeder Netzhaut, die sich decken, wenn man beide Netzhäute übereinanderlegen würde und die mit der jeweils selben Stelle im visuellen Kortex verbunden sind. Stellen Sie sich, um es anschaulich zu machen, vor, Sie wären der Beobachter auf der Felsklippe am Nordrand des Grand Canyon in Abb. 2-2 und würden direkt auf den Punkt Y blicken. In diesem Fall liegen die Punkte X, Y und Z auf dem sogenannten **Horopter**, einem gedachten Kreis, der

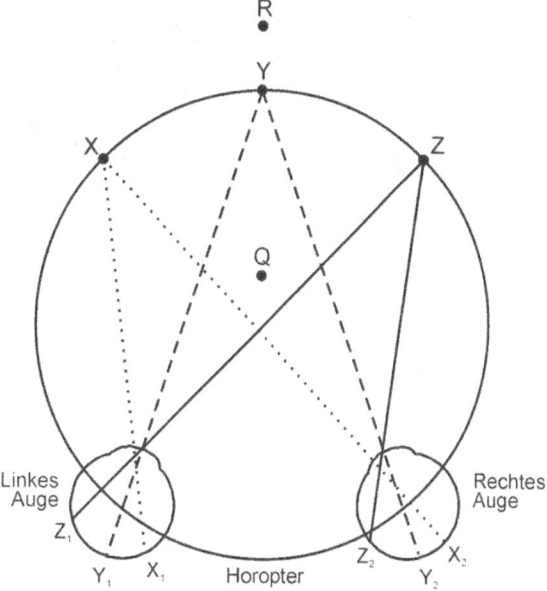

Abb. 2-1: Horopter schematisch
Das Objekt X fällt auf die korrespondierenden Netzhautpunkte B und B', das Objekt Z auf A und A', das Objekt Y auf die Fovea centralis F und F'.

Die Wahrnehmung des Raums und seiner Ausdehnung

Abb. 2-2: Horopter praktisch

durch den jeweiligen Fixationspunkt (der Punkt der angeschaut wird und auf den Bereich des schärfsten Sehens, die Fovea centralis, fällt) und durch die optischen Mittelpunkte beider Augen verläuft. Alle Punkte auf dem Horopter fallen immer auf **korrespondierende Netzhautpunkte**, alle Punkte davor und dahinter fallen immer auf **nichtkorrespondierende Netzhautpunkte**. Die zuletzt genannten, auch als **disparate Netzhautpunkte** bezeichnet, sind analog zum ersten Fall beim Übereinanderlegen der beiden Netzhäute nicht deckungsgleich. Die Punkte Q und R in Abb. 2-2 fallen also auf nichtkorrespondierende Netzhautpunkte. Auf sie kommt es an, wenn es um die Wahrnehmung von räumlicher Tiefe geht und deswegen wollen wir sie in Abb. 2-3 genauer betrachten.

Der Punkt R wird auf der Netzhaut in R_1 und R_2, der Punkt Q in Q_1 und Q_2 abgebildet. Den Winkel zwischen R_1 und R_2 bzw. zwischen Q_1 und Q_2 nennen wir **Querdisparationswinkel** und

Bausteine der Raumwahrnehmung
Stereoskopie

er bestimmt den folgenden allgemeinen Zusammenhang für die Wahrnehmung räumlicher Tiefe: Je größer der Querdisparationswinkel, desto weiter ist das Objekt vom Horopter entfernt. So weit so gut, aber daraus allein können wir noch keinen Rückschluß auf die genaue räumliche Anordnung der Objekte ziehen, wissen also nicht, ob sie vor oder hinter dem Horopter liegen. Aber wenn wir noch einmal genau auf die Abbildung schauen, sehen wir, daß die Bildpunkte von R weiter innen auf der Netzhaut liegen als die von Q und dies gestattet uns die Formulierung eines weiteren speziellen Zusammenhangs: Objekte, die vor dem Horopter liegen (hier Punkt Q) werden auf den äußeren Randbereichen der Netzhäute abgebildet. Die dabei entstehende Disparation wird **gekreuzte Disparation** genannt. Umgekehrt werden hinter dem Horopter liegende Punkte auf den inneren Teilen der Netzhäute abgebildet. Ihre **Disparation** wird als **ungekreuzt** bezeichnet.

Erst die Unterscheidung von gekreuzter und ungekreuzter Disparation gestattet dem visuellen System also einen Rückschluss darauf, ob etwas vor oder hinter einem fixierten Objekt liegt. Und erst mit diesen Angaben ist es in der Lage eine stereoskopische Wahrnehmung unserer Umgebung zu konstruieren.

Bei der in den vorangegangenen Kapiteln angesprochenen Spezialisierung unter den Nervenzellen wird es nicht überraschen, daß solche besonders sensibilisierten Neuronen auch bei der Wahrnehmung räumlicher Tiefe eine wichtige Rolle spielen. Tatsächlich finden wir auf neuronaler Ebene, wie verschiedene Tierversuche an Katzen und Affen nachgewiesen haben, im primären visuellen Kortex und den nachgeschalteten Verarbeitungsbereichen Nervenzellen, die auf Reize von zwei, durch jeweils einen bestimmten Querdisparationswinkel getrennten, Netzhautpunkten reagieren. Die Reizung

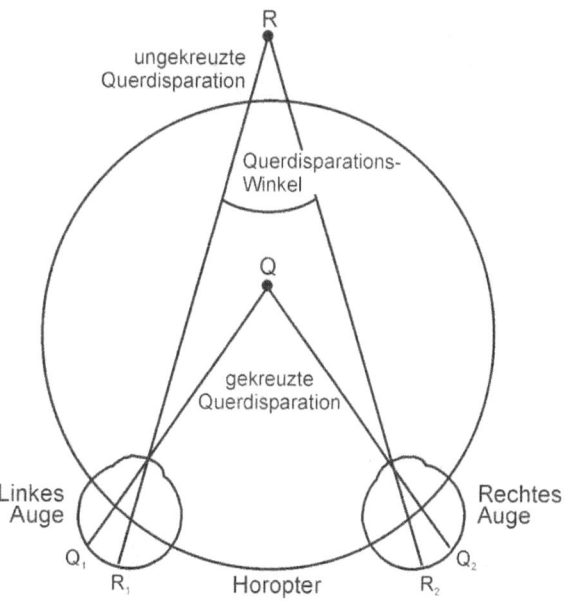

Abb. 2-3: Disparate Netzhautpunkte

Die Wahrnehmung des Raums und seiner Ausdehnung

nur eines einzelnen Auges quittieren diese sogenannten **binokularen Neuronen** ohne Reaktion (H.B. Barlow, C. Blakemore & J.D. Pettigrew 1967 / D. H. Hubel & T.N. Wiesel 1970). Daß diese Neuronen tatsächlich etwas mit der Tiefenwahrnehmung zu tun haben, konnte durch Verhaltensexperimente bewiesen werden (R. Blake & H. Hirsch 1975). Die Wissenschaftler Blake und Hirsch entzogen Katzenjungen während der ersten Lebensmonate die Möglichkeit mit beiden Augen zu sehen. Statt dessen sahen die Tiere jeweils einen Tag lang abwechselnd mit dem rechten oder dem linken Auge. Ohne die normale beidäugige Reizung bilden die binokularen Neuronen in dieser prägenden Phase der Wahrnehmungsentwicklung aber keine Verknüpfungen zu anderen Nervenzellen und gehen zugrunde. Folgerichtig waren die Tiere nicht in der Lage stereoskopisch zu sehen.

Wenn unsere Augen also eine bestimmte Stelle im Raum auffassen, dann werden die binokularen Zellen, die optimal auf verschiedene Querdisparationswinkel ansprechen, von den in den jeweils richtigen Entfernungen liegenden Reizpunkten erregt und wir nehmen die Punkte als unterschiedlich weit entfernt wahr. Allerdings ist noch nicht geklärt, wie genau unser Wahrnehmungssystem diese einander entsprechenden Punkte ermittelt.

Konvergenz und Akkommodation

Konvergenz und Akkommodation beruhen auf der Fähigkeit des visuellen Apparats, die Augenstellung und die Anspannung des Augenmuskels auszuwerten und werden daher auch als **okulomotorische Tiefenkriterien** bezeichnet. Durch sie gewinnen wir Informationen über die Entfernungsverhältnisse der fixierten- und nichtfixierten Gegenstände, die uns weitere starke Anhaltspunkte zur Konstruktion räumlicher Tiefe vermitteln.

Wenn wir nahe Objekte anschauen, drehen sich die Augen nach innen, zur Nase hin und die Blickrichtungen beider Augen laufen sichtbar zusammen, wir sagen sie **konvergieren** und schneiden sich gerade in dem fixierten Punkt. Gleichzeitig verdickt sich die Augenlinse, um auf das Objekt scharf zu stellen. Dieses Fokussieren nennen wir **Akkomodation**. Beides können Sie spüren, wenn Sie einen Finger auf Armeslänge von sich weghalten, auf seine Spitze schauen und ihn dann auf Ihre Nase zu bewegen. Das einwärts Drehen der Augen und das Verdicken der Linse verursachen eine wachsende Spannung in den Augen.

Der Winkel, unter dem die beiden Sehachsen konvergieren, ist bei geringen Entfernungen groß und nimmt ab je weiter der Fixationspunkt entfernt

Bausteine der Raumwahrnehmung
Konvergenz/Akkomodation, Schärfe/Unschärfe

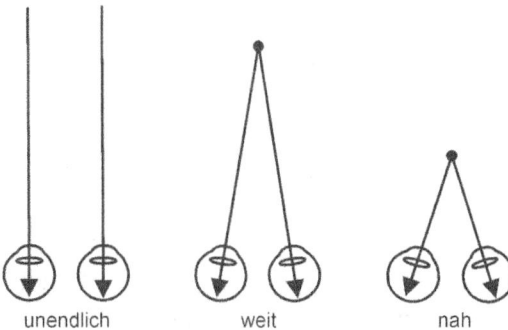

Abb. 2-4: Konvergenzwinkel
Konvergenzwinkel bei Einstellung der Augen auf unendlich (links), weit (mitte) und nah (rechts).

ist. Bei der Einstellung auf „unendlich" stehen die Augen parallel und der Winkelbetrag ist null. Aus der Registrierung und Verrechnung des Konvergenzwinkels kann das visuelle System die absolute Objektentfernung in einer trigonometrischen Berechnung bestimmen.

Die Akkommodation liefert dem Gehirn bei Distanzen unter drei Metern (bei größeren Distanzen sehen wir auch ohne Linsenveränderung scharf) effektive Anhaltspunkte zur Entfernungsbestimmung. Zum einen kann es aus dem Akkommodationszustand der Linse einen direkten Rückschluss auf die Objektentfernung ziehen. Zum anderen gewährt ihm die mit zunehmender Entfernung von der Fixationsebene ebenfalls zunehmende Unschärfe einen indirekten Rückschluss auf die Entfernungsverhältnisse. Denn wenn wir in einem Moment ein Objekt scharf und ein anderes unscharf sehen, müssen beide auf verschiedenen Entfernungsebenen liegen und entsprechend unterschiedlich weit von uns entfernt sein.

Schärfe und Unschärfe

Wie wir im Abschnitt „Stereoskopie" gelernt haben erscheinen uns die Objekte auf dem Horopter scharf, die vor- oder hinter ihm liegenden dagegen unscharf und verschwommen. Aus diesem Sachverhalt können wir lernen, daß es uns nicht möglich ist unterschiedlich weit voneinander entfernte Objekte gleichzeitig scharf zu sehen. Dies ist uns so alltäglich und geläufig, daß wir es kaum wahrnehmen, aber wenn Sie einmal bewußt darauf achten merken Sie schnell, daß sich aus der Verteilung von scharf und unscharf im Gesichtsfeld präzise Rückschlüsse auf die Verteilung der Gegenstände im Raum ziehen lassen.

Vollziehen Sie es einmal aktiv nach. Der Blick aus dem Fenster offenbart Ihnen bestimmt eine Vielzahl unterschiedlich weit voneinander entfernter Objekte, wie Häuser, Bäume, Sträucher und Menschen. Suchen Sie sich ein nicht zu weit von Ihnen und voneinander entferntes Paar aus das möglichst genau in einer Ebene liegt. Nun richten Sie den Blick zunächst auf das hintere der beiden, so daß Sie es scharf sehen. In dieser Konstellation wird Ihnen das

Die Wahrnehmung des Raums und seiner Ausdehnung

vordere Objekt verschwommen und irgendwie transparent erscheinen. Damit meine ich, daß der Hintergrund ein wenig durchschimmert. Dann wechseln Sie den Fokus und schauen den vorderen Gegenstand „scharf" an. Die Verschwommenheit und der Transparenz-Effekt wechseln nun nach hinten. Zuletzt versuchen Sie mal beide Objekte gleichzeitig scharf zu sehen. Bestimmt merken Sie schnell, daß das nicht möglich ist. Die Tiefenschärfe unserer Augen ist dafür bei kurzen und mittleren Entfernungen nicht groß genug. Erst weit von uns entfernte Landschaftsteile können wir parallel scharf wahrnehmen.

Scharf und unscharf wahrgenommene Gegenstände in derselben Blickrichtung erlauben uns also den Schluß auf eine bestehende unterschiedliche Entfernung dieser Dinge und tragen dazu bei, den Eindruck räumlicher Tiefe entstehen zu lassen.

Bewegungsparallaxe

Die **Bewegungsparallaxe** dient uns als Anhaltspunkt zur Wahrnehmung räumlicher Tiefe auf Grundlage der relativen Geschwindigkeit zwischen uns und den Gegenständen im Raum. Dieser Geschwindigkeitsunterschied ist besonders augenfällig, wenn wir aus dem Fenster eines sich bewegenden Fahrzeugs schauen. Nahe Gegenstände, wie die Leitplanken und die Begrenzungspfähle der Straße, ziehen verwischt an uns vorbei während sich die entfernt am Horizont gelegenen nur langsam bewegen. Daraus leitet sich folgendes Kriterium ab: Weit entfernte Objekte bewegen sich langsam, Gegenstände in unserer Nähe bewegen sich schnell. Warum sich das so verhält, erklärt sich recht schnell, wenn wir uns anhand von Abb. 2-5 verdeutlichen, was während einer Bewegung mit der Abbildung auf unserer Netzhaut passiert.

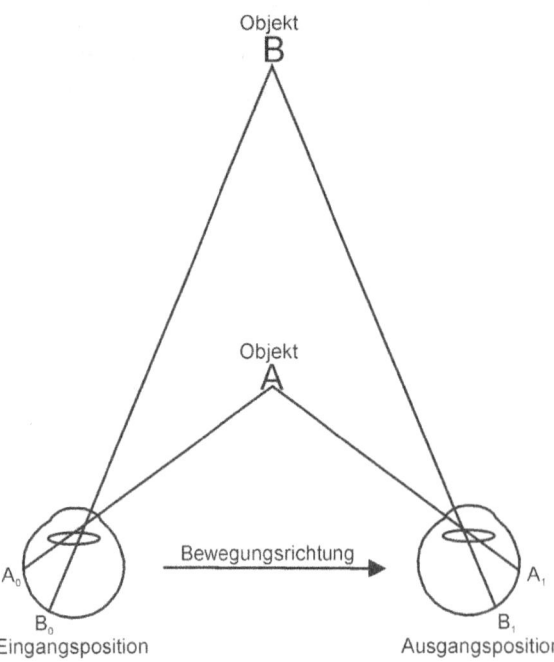

Abb. 2-5: Bewegungsparalaxe

Bausteine der Raumwahrnehmung
Bewegungsparallaxe, Zu-/Aufdecken, Verdeckung/Überschneidung

Wir nehmen ein nahes Objekt A und ein entferntes Objekt B an und ein Auge, das sich aus der Eingangsposition nach rechts in die Ausgangsposition verschiebt. In der Eingangsposition werden A auf A_0 und B auf B_0 abgebildet. Am Ende der Bewegung verschieben sich diese Netzhautbilder auf A_1 und B_1. Die Abbildung von A hat also einen relativ weiten Weg quer durch das Gesichtsfeld des Beobachters zurückgelegt, die Abbildung von B hat sich verglichen damit nur wenig bewegt. Nahe Objekte legen während einer Bewegung also größere Entfernungen auf der Netzhaut zurück als entferntere und da die Zeitspanne dazu für beide gleich lang, müssen sie das schneller tun. Daher rührt der Geschwindigkeitsunterschied, aus dem wir zurück auf die Entfernung schließen können.

Fortschreitendes Zu- und Aufdecken von Flächen

Das Kriterium des **fortschreitenden Zu- und Aufdeckens** basiert darauf, daß wir zwei in unterschiedlicher Entfernung gelegene Flächen als relativ zueinander bewegt sehen, wenn wir selbst unsere Position anders als senkrecht zu ihnen verändern. Die Bewegung in die eine Richtung führt dazu, daß die nahegelegene Fläche die entferntere zudeckt, die Bewegung in die

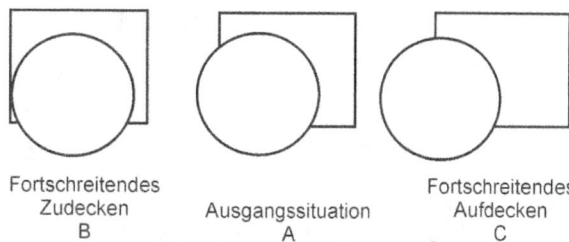

Abb. 2-6: Fortschreitendes Zu- und Aufdecken
Die Abbildung zeigt, daß ein Beobachter die hintere Fläche als bedeckter sieht, wenn er sich aus der Ausgangsposition A nach links bewegt (B) und als aufgedeckt, wenn er sich umgekehrt nach rechts bewegt (C).

andere Richtung bewirkt umgekehrt ihre Aufdeckung. Dieser Anhaltspunkt für räumliche Tiefe ist eng mit der Bewegungsparallaxe verwandt und ist an Kanten und Grenzflächen besonders effektiv.

Verdeckung und Überschneidung

Wenn ein Gegenstand einen Anderen überschneidet und zum Teil verdeckt, nehmen wir diesen als weiter vorn liegend wahr. Bei dieser Betrachtung erhalten wir zwar keine nähere Information über die Entfernungen beider Gegenstände, können aber auf deren relative räumliche Position schließen. So führen **Verdeckung und Überschneidung** zu einer Tiefenwahrnehmung, die der Ausdehnung des verdeckten Objekts entsprechen. Wie

Die Wahrnehmung des Raums und seiner Ausdehnung

Abb. 2-7: Verdeckung und Überschneidung

mung auch bei gänzlich unbekannten Mustern und die Erklärung dafür steht noch aus. Wie schwierig es ist, Tiefe ohne dieses Kriterium zu konstruieren, können Sie an Abb. 2-7 ausprobieren. Im unteren Bildteil gibt es eine deutlich nachvollziehbare Verdeckung und Überschneidung und deswegen fällt es uns leicht die räumliche Anordnung der Elemente wahrzunehmen. Verdecken Sie aber diese untere Bildhälfte, schwindet der Eindruck, weil es plötzlich schwer wird festzustellen, welche Objekte des freien Abschnitts vor- bzw. hintereinander liegen.

sich der Eindruck von Raumtiefe aus der Objektüberschneidung ergibt, erklärt sich bei Objekten, die uns bekannt sind, recht einfach: Wir wissen, wie sie vollständig aussehen und versuchen sie auf dieser Basis zu vervollständigen. Allerdings ergibt sich die Tiefenwahrneh-

Relative Größe

Abb. 2-10 illustriert das Kriterium der relativen Größe. Obwohl die Graphik zweidimensional ist, verleitet uns der Größenunterschied der zwei Quadrate dazu anzunehmen, das kleine Objekt sei weiter entfernt als das große. Unter der Voraussetzung, daß die Dinge gleich groß sind, erscheint uns also ein kleineres Objekt weiter entfernt zu sein als ein größeres und daraus leitet das visuelle System den Eindruck räumlicher Tiefe ab.

Abb. 2-8: Chiaroscuro

Schattenwurf

Schatten entstehen aus der Interaktion des Lichts mit den Gegenständen und Geländeformen um uns herum und liefern uns wichtige Hinweise auf das Vorhandensein von räumlicher Ausdehnung und Tiefe. Grundsätzlich unterscheiden wir zwischen dem **Schlagschatten**, den ein Gegenstand auf seine Umgebung wirft und dem als **Chiaroscuro** bezeichneten hell-dunkel-Muster einer strukturierten Oberfläche. Schlagschatten nehmen wir häufig bewußt wahr, berücksichtigen sie als Anhaltspunkt für räumliche Tiefe aber nur dann, wenn wir es mit ausgedehnten Flächen zu tun haben. Das Chiaroscuro spielt dagegen eine eine große Rolle bei der eher unbewußten Wahrnehmung, da es eng mit den räumlichen Strukturen der Objektoberflächen zusammenhängt.

Aber bei genauerer Betrachtung sind Schatten viel weniger eindeutig, als sie uns in unserer alltäglichen Wahrnehmung erscheinen. Erhebungen und Vertiefungen erzeugen beide charakteristische Schattenbilder auf der jeweils lichtabgewandten- (Erhebungen) bzw. lichtzugewandten (Vertiefungen) Seite. Aus ihnen können wir in Kenntnis der Beleuchtungsverhältnisse darauf schließen, ob wir eine Erhebung oder eine Vertiefung vor uns haben. In vielen Fällen wissen wir jedoch nicht, aus welcher Richtung das Licht einfällt. In solchen Situationen entsteht trotzdem immer eine Wahrnehmung mit räumlicher Ausdehnung, die auf einer praktischen Vermutung unserer visuellen Intelli-

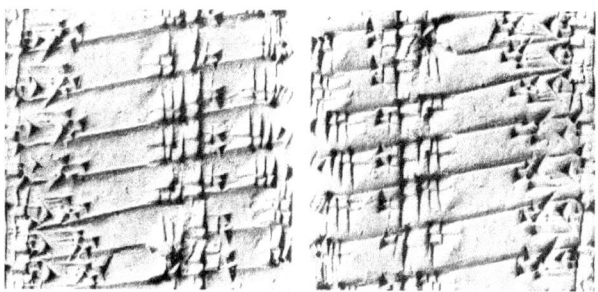

Abb. 2-9: Doppeldeutiger Schattenwurf

genz basiert. Im Englischen bezeichnet man sowas als *educated guess*. Diese Vermutung basiert allem Anschein nach auf der Annahme einer über dem Kopf befindlichen Lichtquelle, solange wir keine definitiven anderen Anhaltspunk-

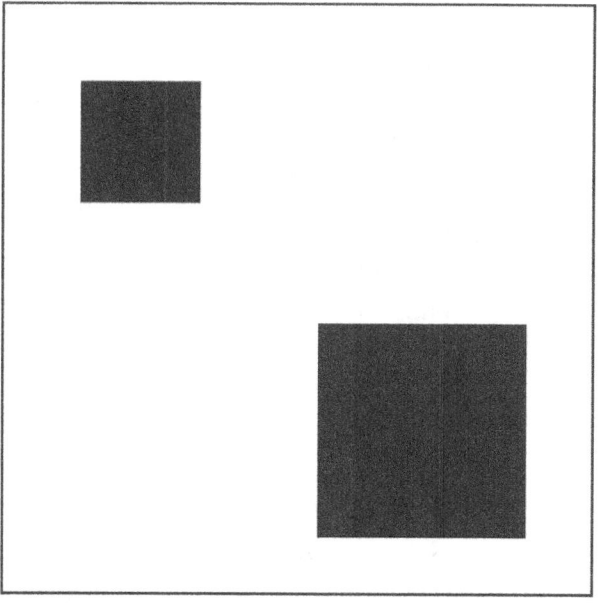

Abb. 2-10: Relative Größe

Die Wahrnehmung des Raums und seiner Ausdehnung

te besitzen. Das ergibt vor dem Hintergrund unserer Entwicklungsgeschichte einen perfekten Sinn, denn die weitaus längste Zeit haben wir mit der Sonne als einziger Lichtquelle verbracht. Gerichtetes Licht aus künstlichen Quellen gibt es dagegen erst seit so kurzer Zeit, das es kaum Niederschlag in unserem visuellen System gefunden haben kann. Aus diesem Grund haben wir wohl gelernt im Zweifelsfall die Lichtrichtung „von oben" anzunehmen und unsere Entscheidung, ob Erhebung oder Vertiefung, an ihr zu orientieren. Abb. 2-9 illustriert diesem Zusammenhang. Im Bildausschnitt links scheinen kleine Erhebungen hervorzuspringen. Auf der rechten Seite blicken wir dagegen auf Vertiefungen. In Wirklichkeit handelt es sich um eine einzige Aufnahme, die einmal richtig herum (rechts) und einmal um 180° gedreht (links) abgebildet ist. Wenn Sie das Buch auf den Kopf stellen, können Sie den Effekt nachvollziehen. Interessanter Weise bleibt der jeweilige Eindruck bestehen, obwohl Sie die Natur der Täuschung nun kennen. Das untermauert die Unabhängigkeit unsere visuellen Wahrnehmung von unserem Wissen.

Zentralperspektive

Die Projektion des Netzhautbildes folgt zwar den Gesetzen der Zentralperspektive, aber was wir letztlich wahrnehmen ist dann in vielerlei Hinsicht wieder korrigiert. Was uns deswegen zum Rückschluss auf die Ausdehnung des Raums bleibt, sind **konvergierende parallele Waagerechte** und der Texturgradient. Die auf den Horizont zulaufenden Eisenbahnschienen in Abb. 2-12 sind ein Beispiel für den ersten Fall. Warum greift dieses Merkmal nicht im Fall von Senkrechten? Das Gesamtbild unserer Umwelt bauen wir aus vielen Einzelbildern auf, indem das Auge von einem markanten Punkt zum anderen springt. Dazu ist es gezwungen, denn der Bereich des scharfen Sehens, den wir bewußt wahrnehmen, macht nur rund 5° unseres Blickfeldes aus. Objekte, die sich aufgrund ihrer Größe nur durch das Zusammenfügen mehrerer dieser „Einzelbilder" auffassen lassen, werden auf diesem Weg korrigiert, weil das Gehirn unter diesen Voraussetzungen eine gerade Linie als einfachste und stabilste Konstruktion voraussetzt. Darüber hinaus berücksichtigt die Wahrnehmung den Gleichgewichtssinn und die Schwerkraft und so nehmen wir an Gebäuden nur dann konvergierende vertikale Parallelen wahr, wenn wir sie aus einem sehr steilen Blickwinkel betrachten. Aber etwas, wie ein weit geradeaus laufender Schienenstrang paßt a) auf einmal in diesen Fokus und unterliegt b) nicht den Gesetzen der Schwerkraft. Demzufolge baut das visuelle

Bausteine der Raumwahrnehmung
Zentralperspektive

System seine Hypothese hier allein auf das gemäß der linearen Perspektive entstandene Netzhautbild und wir nehmen solche horizontalen Parallelen den perspektivischen Regeln gemäß als konvergierend wahr. Der **Texturgradient** dient uns als Anhaltspunkt auf

Abb. 2-12: Konvergierende Eisenbahnschienen

Entfernung verkleinerte Abbildung, wie die mit zunehmendem Abstand als immer dichter gepackt erscheinenden Pflastersteine einer Straße oder die immer dichter zusammenrückende

Abb. 2-11: Texturgradient 1
Bei Drehung um 90° gegen den Uhrzeigersinn entsteht der Tiefeneindruck

räumliche Tiefe, weil wir davon ausgehen, daß gleich aussehende Dinge auch identisch groß sind. Kleiner werdende Abstände zwischen solchen gleichen Objekten bzw. ihre mit zunehmender

Abb. 2-13: Texturgradient 2
Senkrecht von oben betrachtet wäre klar zu erkennen, daß die Abstände zwischen den Begrenzugspfählen jeweils gleich groß sind.

Die Wahrnehmung des Raums und seiner Ausdehnung

lange Reihe identischer Telegraphenmasten, läuft dem zuwider und wird durch den Schluß auf eine bestehende Ausdehnung in die Tiefe erklärt. Abb. 2-13 illustriert dies. Allerdings müssen wir einschränkend hinzufügen, daß der Texturgradient nur dann zur Tiefenwahrnehmung führt, wenn wir erkennen, was wir vor uns haben. Abb. 2-11 zeigt, wie das gemeint ist. In der abgebildeten Form können wir das Motiv, eine Grasfläche, auf dem Photo nicht erkennen und deswegen stellt sich auch der Eindruck räumlicher Tiefe nicht ein. Drehen Sie es aber um 90° gegen den Uhrzeigersinn, sehen Sie sofort, was gemeint ist und nehmen ebenfalls die Tiefe wahr.

Atmosphärische Perspektive

Der **atmosphärischen Perspektive** (auch als **Luftperspektive** oder **Luftlicht** bezeichnet) ist es geschuldet, daß wir entferntere Objekte im Hinblick auf Schärfe und Detailreichtum sowie Helligkeit und Farbigkeit verzerrt wahrnehmen. Die schwindende Schärfe und der mit der Entfernung zunehmende Blaustich bzw. die Aufhellung aller Tonwerte sind zwei Kriterien, aus denen unser visuelles System aufgrund von Erfahrung auf Entfernung und räumliche Tiefe folgert. Sie sind also erlernt.

Der Grund für die Entstehung der Luftperspektive liegt in der Natur der Atmosphäre. Sie enthält Partikel unterschiedlicher Größe, wie Staub,

„Es gibt eine Art von Perspektive, die man Luftperspektive nennt und die von Unterschieden in der Dichte der Luft abhängig ist. (...) Durch dichte Luft gesehen, erscheint – wie du beispielsweise im Fall von Bergen erkennst – jeder Gegenstand bläulich."
Leonardo da Vinci

Wassertröpfchen, Gase und Aerosole. Diese verursachen das, was wir **Dunst** nennen, durch einen physikalischen Vorgang, den man nach seinem Entdecker **Mie-Streuung** nennt. Gustav Mies Berechnungen sagten 1908 voraus, daß regelmäßig geformte Teilchen, deren Durchmesser größer ist, als der Wellenlängenbereich des sichtbaren Lichts (400 bis 700 nm), die einfallende Strahlung mit zunehmender Größe immer mehr nur nach vorn und immer gleichmäßiger über das Gesamtspektrum streuen. „Nach vorn" bedeutet in diesem Fall entgegen der Richtung, aus der das Licht einfällt und „gleichmäßig", daß kein Wellenlängenbereich bevorzugt wird und sich alle Farben zu einem mehr oder weniger deutlichen Weiß ergänzen.

Da Streuung eine Art „Verschwimmen" des Lichts ist, gehen mit zunehmender Entfernung die Details verloren und unsere Schärfewahrnehmung schwindet. Objekte in mittlerer Entfernung sind ganz besonders von der Streuung des kurzwelligen blauen- bzw. des UV-Anteils des Spektrums betroffen und erscheinen eben deshalb oft flau und blaustichig. Mit noch weiter zunehmender Entfernung (je mächtiger also die dazwischen liegende Luftschicht ist) nimmt der Effekt der Mie-Streuung immer mehr zu. Deswegen erscheint uns der Himmel da, wo er am Horizont am weitesten von uns entfernt ist, als weiß.

Der Effekt der Luftperspektive wird uns häufig erst richtig bewusst, wenn dieser Anhaltspunkt in Gebieten mit sehr reiner Luft fehlt. Dort erscheinen uns dann auch weit entfernte Landschaftsformen ganz nah und wir haben plötzlich Schwierigkeiten die Entfernungen richtig einzuschätzen.

Farbperspektive

Die Farbperspektive besagt, daß uns warme und eher dunkle Farben, wie Blau, bzw. gesättigte Farben und scharf voneinander abgegrenzte Farb-

Abb. 2-14: Atmosphärische Perspektive

flächen näher erscheinen als kalte und eher helle Farbwerte, wie z.B. Gelb bzw. Pastelltöne oder diffus ineinander übergehende Farbflächen. Die unterschiedliche Tiefenwirkung von dunklen und hellen Farben können

Abb. 2-15: Farbperspektive

Die Wahrnehmung des Raums und seiner Ausdehnung

wir sicher zu einem guten Teil mit dem gerade im Hinblick auf die Luftperspektive erworbenen Wissen erklären. Darüber hinaus gibt es jedoch auch eine physiologische Erklärung dafür, daß Farben aus dem langwelligen (roten) Bereich des Spektrums näher auf uns wirken als solche aus dem kurzwelligen (blauen) Teil.

Der Fachbereich der *Optik* lehrt uns, daß die kurzwelligen- und langwelligen Bereiche des Spektrums in einem einfachen Linsensystem an zwei verschiedenen Punkten gebrochen werden und daß dies zu einander überlappenden Farbrändern und beeinträchtigter Sehschärfe führt. Dieser Abbildungsfehler wird **chromatische Aberration** genannt. Unser visuelles System unterdrückt ihn mit verschiedenen physiologischen Maßnahmen, die alle in der Bevorzugung des leichter zu beherrschenden langwelligen Spektralbereichs münden (siehe „Helligkeit und Farbe – Unsere Vorliebe für warme Farben"). Für die Farbperspektive ist darüber hinaus der folgende Zusammenhang wichtig: Beim Betrachten von Gegenständen in roter-, orangener- oder gelber Farbe (langwellig) wird die Linse im Auge konvexer gestellt als beim Fokussieren auf gleichgroße grüne-, blaue- oder violette Objekte (kurzwellig), wenn sie eher abgeflacht ist, um ein scharfes Bild zu produzieren. Die konvexere Form bewirkt eine geringfügige Vergrößerung des Netzhautbildes und deswegen erscheint uns das rote Objekt näher als das eigentlich identisch große blaue. Dieser aufgrund der Farbigkeit wahrgenommene Größenunterschied sorgt für eine deutliche Tiefenstaffelung und befördert den Eindruck räumlicher Ausdehnung.

3 Die Wahrnehmung der Objektgrößen

Inhalt

Bausteine unserer Größenwahrnehmung
    Der Sehwinkel
    Die Verrechnung der Entfernung

Die Wahrnehmung der Objektgrößen

Bausteine der Größenwahrnehmung

Durch kulturelle Prägung sind wir daran gewöhnt, die Größe eines Objekts in Zentimetern oder Metern anzugeben. Erstaunlicherweise ändert sich unsere Wahrnehmung der Objektgröße nur wenig, wenn wir uns innerhalb gewisser Grenzen nähern oder entfernen. Die Größe eines Objekts ist also ein wichtiges Kriterium zur Erfassung der Umwelt, aber unser visueller Apparat leitet uns offensichtlich nicht immer richtig.

„... as distance determines size, so size determines distance." Rudolf Arnheim

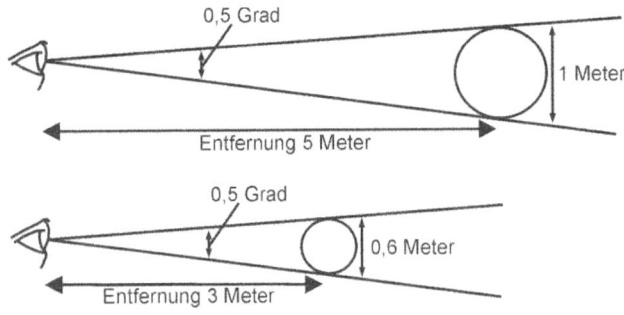

Abb. 3-1: Sehwinkel
Die beiden versch. großen Objekte erscheinen dem Betrachter gleich groß, weil er sie aufgrund der unterschiedlichen Entfernung unter demselben Sehwinkel auffasst.

Der Sehwinkel

Nach allem, was wir aus dem ersten Kapitel über die physiologische Bildentstehung wissen, muss unsere Größenwahrnehmung eines Objekts mindestens davon abhängen, wie viel Raum sein Abbild auf der Netzhaut einnimmt. Dies Netzhautbild wird von der wirklichen Objektgröße und -entfernung bestimmt aus denen sich der **Sehwinkel** ableitet. Damit ist jener Winkel gemeint, unter dem ein Objekt aufgefasst wird.

Zu Ende gedacht besagt dieser Zusammenhang, daß zwei gleich große Objekte in unterschiedlicher Entfernung zum Betrachter unterschiedliche Sehwinkel (und unterschiedlich große Netzhautbilder), zwei verschieden große Objekte in der jeweils richtigen Entfernung aber auch denselben Sehwinkel (und gleichgroße Netzhautbilder) aufweisen können. Das dies zutrifft können wir bei jeder Sonnenfinsternis überprüfen. Bei dieser Gelegenheit bedeckt der kleine Mond (3 476 km Durchmesser und durchschnittlich 384405 km von der Erde entfernt) die riesige Sonne (1,392 Millionen km Durchmesser und durchschnittlich 146 Millionen km von der Erde entfernt) beinahe vollständig, weil wir beide unter demselben Sehwinkel auffassen. Darüber hinaus müsste sich unsere Größenwahrneh-

Bausteine der Größenwahrnehmung
Sehwinkel, Verrechnung der Entfernung

mung eines Objekts entsprechend unserer Entfernung zu ihm verändern. Erstaunlicher Weise ist dies nicht so, wie Sie sicher aus der Alltagserfahrung wissen und leicht in einem kleinen Versuch nachvollziehen können. Nehmen Sie ein Blatt Papier (DIN A4 oder DIN A3) zur Hand und befestigen Sie es an einer Wand oder, wenn Sie einen längeren Flur haben, an der Wohnungstür. Dann schauen Sie das Blatt einmal aus einem Meter Entfernung und einmal aus fünf Meter Entfernung an. Durch den veränderten Betrachtungsabstand nehmen Sie das Objekt zwar unter deutlich verschiedenen Sehwinkeln wahr, aber dennoch erscheint es Ihnen in beiden Fällen in ungefähr derselben Größe.

Das am Sehwinkel orientierte Netzhautbild gibt uns demzufolge zwar Aufschluss über die relativen Größenverhältnisse der Objekte untereinander, aber um auf die annähernd wahre Größe der Dinge zu schließen müssen wir mehr als das berücksichtigen. Und tatsächlich ziehen wir dazu auch die **Tiefen- und Entfernungswahrnehmung** zu Rate, wie wir in verschiedenen Versuchen nachweisen können.

Die Verrechnung der Entfernung

Ein gutes Beispiel für die Wichtigkeit der Entfernungswahrnehmung für die Größenkonstruktion sind **Nachbilder**. Sie entstehen, wenn die Photorezeptoren der Netzhaut durch einen hellen Lichtreiz „ermüden" und man für kurze Zeit eine Art Negativ dieses Reizes zu sehen meint. Demzufolge können Sie selbst leicht ein Nachbild erzeugen und die folgende Beschreibung nachvollziehen. Versehen Sie ein schwarzes Stück Karton mit einem kleinen Loch, durch das Sie dann den hellen Fleck einer Lichtquelle für kurze Zeit fixieren. Gleich anschließend richten Sie den Blick auf verschieden weit von Ihnen entfernte Flächen (ein Blatt Papier auf Armeslänge vor dem Gesicht, die Wand des Zimmers oder die Oberfläche Ihres Schreibtisches, etc.). Sie werden ein Nachbild des hellen Loches wahrnehmen, dessen Größe mit der Entfernung der Fläche variiert. Auf dem Papier wird es kleiner erscheinen als auf der entfernteren Zimmerwand.

Emil Emmert experimentierte schon 1881 mit Nachbildern und erkannte als erster den Zusammenhang zwischen der Größe des Nachbildes und der wahrgenommenen Entfernung. Nach ihm ist diese Berücksichtigung der Entfernung als **Emmertsches Gesetz** bekannt geworden. Es besagt, daß die wahrgenommene Größe eines Gegenstands G proportional zum Produkt aus Entfernung e und Sehwinkel w ist:

Die Wahrnehmung der Objektgrößen

$G \propto w * e$

Daß dieser Zusammenhang stimmt, können wir anhand verschiedener Versuche und Zusammenhänge nachweisen. In der Versuchsanordnung nach Holway und Boring sitzen Probanden an der Kreuzung zweier Flure (Holway, Boring 1941). Ihnen wird in einem Flur eine Testkreisscheibe in Abständen zwischen drei und 36 Metern und im anderen Flur eine Vergleichskreisscheibe in der festen Entfernung von drei Metern dargeboten (Abb. 3-2). Die Versuchspersonen sollen die Größe der Vergleichsscheibe nach jeder Entfernungsänderung der Testscheibe an diese anpassen. Entscheidend dabei ist, daß die Testkreisscheibe mit zunehmender Entfernung vergrößert wird, um sicherzustellen, daß sie immer unter dem Sehwinkel von einem Grad aufgefasst wird. In der Summe der Versuche zeigt sich, daß die Probanden die Größe der Vergleichsscheibe nahezu perfekt an die unterschiedlichen physikalischen Größen der Vergleichsscheiben anpassen. Sehen sie eine große, aber weit entfernte Testscheibe, vergrößern sie die Vergleichsscheibe entsprechend. Umgekehrt verkleinern sie die Vergleichsscheibe, wenn ihnen eine kleine Testscheibe in kurzer Entfernung gezeigt wird. Diese an der tatsächlichen physikalischen Größe orientierte Anpassung ist bemerkenswert, weil die Testkreisscheiben ja immer denselben Sehwinkel aufweisen und aus diesem Grund immer gleich große Netzhautbilder erzeugen und untermauert das Emmertsche Gesetz: Das Produkt aus einer variablen Entfernung und einem gleichbleibenden Sehwinkel ist eine variable wahrgenommene Größe. Auch der umgekehrte Fall beweist den Zusammenhang. Nehmen die Psychologen den Beobachtern die Tiefen- und Entfernungskriterien, indem sie ihnen die Testkreisscheibe nur durch eine Lochblende und in einem mit dunklem Stoff gegen die Reflexionen bespannten Flur darbieten, verlieren sie die Fähigkeit zur Größenanpassung und sehen die Testscheiben in immer derselben Größe. Ganz so, wie es das Gesetz des Sehwinkels vorsieht. Und dies entspricht auch ganz dem Emmertschen Gesetz, denn das Produkt aus einem konstanten Sehwinkel und einer unbestimmten Entfernung ist eine gleichbleibende wahrgenommene Größe. Auch **Sonne und Mond** nehmen wir, obwohl sich ihre Größenverhältnisse stark unterscheiden, als gleich groß wahr, da wir sie unter demselben Sehwinkel auffassen und uns der Raum dazwischen keine weiteren Tiefeninformationen liefert.

Bausteine der Größenwahrnehmung
Verrechnung der Entfernung

Auch in der häufig diskutierten **Mondtäuschung** finden wir den Zusammenhang zwischen Größe und wahrgenommener Entfernung wieder. Ist Ihnen auch schon einmal aufgefallen, daß der Mond viel größer erscheint, wenn er gerade über dem Horizont aufgegangen ist als wenn er hoch am Nachthimmel steht, obwohl er in der Nähe des Horizonts 6400 Kilometer weiter von uns entfernt ist als an seinem höchsten Punkt am Himmel? Und haben Sie sich auch schon mal gefragt, wie das sein kann, wo er doch von fester Größe ist und sich auf einer relativ stabilen Bahn (die Abweichung beträgt maximal 13 %) um unsere Erde bewegt? – Zugegeben, die unterschiedlichen Größen, in denen sich der Mond auf dieser leicht elliptischen Bahn um die Erde präsentiert, sind ebenfalls mit dem bloßen Auge wahrzunehmen, aber der zuvor beschriebene Effekt ist ungleich stärker. Darüber hinaus zeigt eine Photoserie des Mondes, aufgenommen mit fixer Brennweite im Abstand von beispielsweise jeweils einer Stunde, unseren Trabanten in immer derselben Größe. Auch hier greift das Emmertsche Gesetz, nur spielt diesmal die scheinbare Entfernung die Hauptrolle. Auf die Frage, welcher Himmelsteil weiter entfernt ist, der Zenit über dem Kopf oder der Horizont, antworten die meisten Menschen nämlich mit

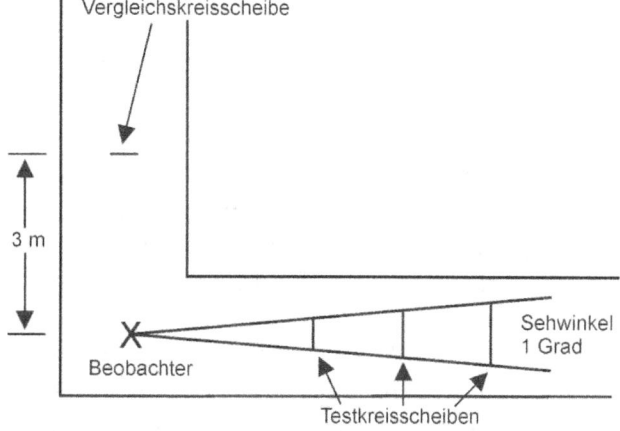

Abb. 3-2: Versuchsanordnung nach Holway und Boring
Entscheidend ist, daß alle Testkreisscheiben immer unter demselben Sehwinkel erscheinen und ihre Abbildung auf der Netzhaut des Beobachters immer gleich groß ist.

„der Horizont". Setzen wir diese große scheinbare Entfernung und den immer gleichbleibenden Sehwinkel des im unendlichen liegenden Mondes in die Formel ein, nimmt auch dessen wahrgenommene Größe zu. Dasselbe trifft natürlich auch auf die nah am Horizont und hoch am Himmel stehende Sonne zu. Auch hier können Sie den Beweis für die Relevanz der Entfernung selbst erbringen: Betrachten Sie den knapp über dem Horizont stehenden Mond einmal durch eine Lochblende. Auf diesem Wege schalten Sie die Tiefen- und Entfernungsinformationen aus und La Luna schrumpft auf dieselbe Größe wie im Zenit.

Die Wahrnehmung der Objektgrößen

Die **Ponzo-Täuschung** (oder BahngleisTäuschung) gehört ebenfalls in diese Kategorie. Die beiden waagerechten Balken in Abb. 3-3 sind gleich lang und weisen denselben Sehwinkel auf. Trotzdem scheint uns der obere deutlich länger zu sein, denn die konvergierenden Bahngleise simulieren uns räumliche Tiefe und deshalb setzen wir bei gleichbleibendem Sehwinkel wieder eine größere Entfernung in die Berechnungsformel ein und erhalten als Produkt eine eigentlich zu große Wahrnehmung.

Abb. 3-3: Ponzo-Täuschung
Obwohl die beiden weißen Rechtecke exakt gleich lang sind (messen Sie es ruhig nach!), erscheint das obere größer als das untere.

4 Die Wahrnehmung von Helligkeit und Farbe

Inhalt

Was Helligkeit und Farbe sind
Bestimmung der physiologischen Eingabeebene
    Das Auge
    Die Netzhaut
    Die Photorezeptoren im allgemeinen
    ... und die Zapfenrezeptoren im besonderen
Erste Verarbeitungsstufe – Kategorisierung der Informationen
Zweite Verarbeitungsstufe – Umformung der Signale in Gegenfarbkanäle
    Wie im Fernsehen – Die Begründung für das komplizierte Verfahren
Dritte Verarbeitungsstufe – Hinzufügen eines
 räumlichen Aspekts für Farbe
    Annähernde Farbkonstanz bedeutet nicht vollständige Farbkonstanz
Vierte Verarbeitungsstufe – Erzeugung der Eindrücke
Rot ist besser als Blau – Unsere Vorliebe für warme Farben
Noch nicht beantwortet – Die Frage nach dem Warum

Die Wahrnehmung von Helligkeit und Farbe

Was Helligkeit und Farbe sind

Einige hundert Millionen Jahre Zeit hat es gebraucht, bis sich unsere Augen aus den ersten, nur der Unterscheidung von hell und dunkel dienenden Sinneszellen entwickelt haben. Parallel dazu begann vor ungefähr 500 Millionen Jahren die Entwicklung eines physiologischen Apparats, der in der Lage war einzelne Wellenlängenbereiche des Spektrums zu unterscheiden. Ein Markstein dieses Prozesses war vor rund 35 Millionen Jahren die Fähigkeit drei verschiedene Wellenlängenbereiche zu trennen, womit der Grundstein für unser heutiges Farbensehen gelegt war.

Wo die Vorteile der Farbwahrnehmung liegen, wird schnell klar, wenn wir den Faden, den der erste Band dieser Reihe zu spinnen begonnen hat, wieder aufnehmen: Sehen ist Informationsbeschaffung. Wer mehr weiß, kann sich in einer komplexen Umgebung besser orientieren, kann besser und schneller reagieren und überlebt länger. In diesem Sinn ist die Unterscheidung von hell und dunkel zwar gut und nützlich, macht uns die Welt aber noch nicht in all ihrer Informationsfülle erfahrbar. Dies ist jedoch unabdingbar, um beispielsweise Nahrungsmittel effizient zu beschaffen oder Fressfeinde zuverlässig zu erkennen. Selbst wenn die Farbfähigkeit also nur einem Zufall zu verdanken wäre, hätte sie den Individuen oder Arten die sie betraf schnell zur Überlegenheit verholfen und sich folglich evolutionär auf breiter Front durchgesetzt.

Mit fortschreitender physiologischer Entwicklung der Lebewesen gestaltete sich auch deren soziale Interaktion immer komplexer und Farben gewannen im Hinblick auf Sexualität, die Aufzucht der Nachkommenschaft und die Reaktion auf Krankheiten an Bedeutung. Und unsere lange künstlerische Tradition, von den ersten Fels- und Höhlenzeichnungen über die aufwendigere Herstellung von Textilien bis zur modernen Malerei, ist nur die folgerichtige Fortsetzung dieser Entwicklungslinie.

Auf dem heutigen Stand der Evolution sind Farben für uns so selbstverständlich, daß wir gar nicht auf die Idee kämen uns zu fragen, woher sie kommen. Ganz spontan würden die meisten von uns wohl sagen, daß Farbe eine Eigenschaft der Objekte ist, die wir wahrnehmen, oder? Aber die Wissenschaft weiß es besser und deshalb wollen wir zuerst die bequeme Selbstsicherheit torpedieren und uns wachrütteln. Schauen wir uns ein Experiment an.

Die Versuchsanordnung des Physiologen A. Gelb von 1929 sieht wie folgt aus (Abb. 4-1). Er zeigte seinen Probanden eine Glasscheibe, die jeder von ihnen im Freien als sehr dunkel, ja fast schwarz, bezeichnete in einem nur schwach erleuchteten Raum mit schwarzen Wänden. Mit einer für die Beobachter nicht sichtbaren Lampe beleuchtete Gelb im ersten Teil des Experiments nur jene Glasscheibe. Das Verblüffende: Allen Teilnehmer erschien die Scheibe nun weiß. Dann versah er die immer noch angestrahlte Glasscheibe mit einem Stück weißem Papier und durch die Hinzunahme dieses neuen Reizes wurde die Scheibe in der Wahrnehmung der Probanden wieder schwarz.

Dasselbe Objekt erscheint einer ganzen Anzahl normalsichtiger Menschen also mal schwarz und mal weiß, je nachdem, in welcher Konstellation es ihnen dargeboten wird. Übt es, wie im ersten Fall, den in Relation hellsten Reiz aus, erscheint es weiß. Kommt dagegen, wie im zweiten Fall, ein im direkten Vergleich noch hellerer Reiz dazu, erscheint es schwarz. Wäre die Farbe wirklich bloß eine Eigenschaft des Objekts, bliebe zur Erklärung dieses Umstands nur ein Taschenspielertrick. Gelb muss seine Probanden irgendwie abgelenkt und die Scheibe ausgetauscht haben. Aber der Mann

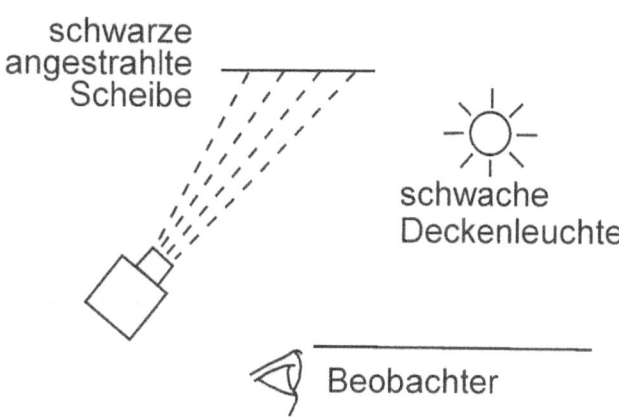

Abb. 4-1: Versuchsanordnung nach Gelb

war ein ernsthafter Wissenschaftler und so können wir jeden Trick ausschließen. Damit bleibt nur die zunächst unbequeme Erkenntnis, daß Farbe und Helligkeit nicht als von uns unabhängige Größen existieren, die wir nur *erfassen*. Statt dessen *konstruiert* unser visuelles System beide nach bestimmten Regeln auf Basis der Intensität und spektralen Qualität dessen, was wir als Licht kennen.

Wenn wir das von einer farbigen Fläche reflektierte Licht mit einem Spektralphotometer aufspalten, erhalten wir eine **Remissionskurve (R-Kurve)**, die die Lichtintensität für jede Wellenlänge angibt. Ein Gegenstand, den wir als grün wahrnehmen, kann beispielsweise die R-Kurve in Abb. 4-2 zeigt. Diese weist zwar ein deutliches

Die Wahrnehmung von Helligkeit und Farbe

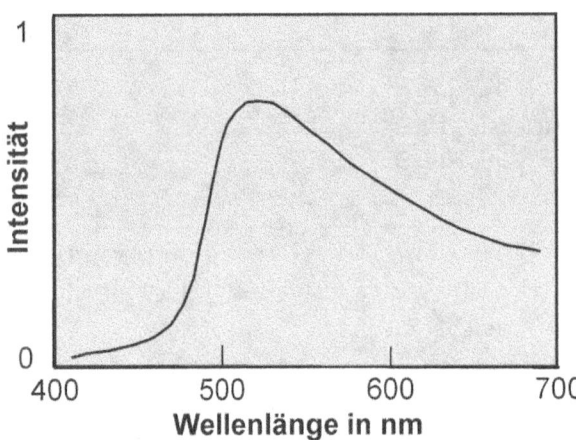

Abb. 4-2: Remissionskurve
Die Kurve zeigt die von einer grünen Farbprobe unter weißer Beleuchtung reflektierten Lichtintensitäten zu jeder sichtbaren Wellenlänge.

Übergewicht im mittelwelligen Bereich des Spektrums auf (die so genannte **dominante Wellenlänge**), beinhaltet darüber hinaus aber auch im geringeren Maß Anteile aus dem restlichen sichtbaren Spektrum. Diesen Wellenlängensalat empfangen unsere Augen und interessanter Weise nehmen wir ihn nicht als vielleicht gelbliches Grün oder grünliches Rot wahr, so wie wir in der Lage sind zwei gleichzeitig gespielte unterschiedliche Töne als solche zu hören, sondern wir verarbeiten den Reiz als Mischung. Über die Zusammensetzungen solcher Mischungen können wir eine ganze Menge über unser visuelles System lernen.

Remissionskurve – R-Kurve: Die Kurve, die sich ergibt, wenn man die Remission (kombinierte Absorption und Reflexion) eines Körpers für jeden Wellenlängenbereich in ein Diagramm einträgt

Intensitätsverteilungskurve – I-Kurve: Die Kurve, die sich ergibt, wenn man die im Spektrum einer Lichtquelle enthaltenen Intensitäten für jeden Wellenlängenbereich in ein Diagramm einträgt

Übertragungskurve – Ü-Kurve: Die Kurve, die sich ergibt, wenn wir die von einem Filter durchgelassenen bzw. absorbierten Bereich des Spektrums in ein Diagramm eintragen

Mischen wir einmal Lichter, deren **Intensitätsverteilungskurven (I-Kurven)** wir kennen und von denen wir wissen, welche Farbeindrücke sie hervorrufen. Ein rotes- (650 nm) und ein grünes Licht (530 nm) beispielsweise, mit den I-Kurven in Abb. 4-3 A und B. Welchen Farbeindruck wird die Mischung dieser beiden Lichter ergeben? Die Addition der beiden Kurven führt zu dem Ergebnis in Abb. 4-3 C, das wir ohne einen hervorstechenden Wellenlängenbereich als recht weit gespannt bezeichnen dürfen. Der flache Gipfelbereich der Additionskurve liegt bei 570 nm. Allein durch die Überlagerung der beiden Kurven können wir den Farbeindruck noch nicht vorhersagen, aber würden wir den Versuch tatsächlich durchführen wäre das visuelle Ergebnis ein gelber Farbeindruck.

Das ist eine ziemliche Überraschung, denn monochromatisches Gelb besitzt eine I-Kurve wie in Abb. 4-3 D und erweckt auch sonst nicht den Eindruck, als würde es einen roten und einen grünen Anteil enthalten. Den trotzdem gleichen Farbeindruck können wir nur damit erklären, daß unser visueller Apparat in der Lage ist völlig unterschiedliche Spektren als identisch zu interpretieren. Zwei solche Farben, die für uns gleich aussehen, obwohl sie unterschiedliche Intensitätsverteilungskurven besitzen, werden **Metamere** genannt. Dieser Begriff wird uns noch weiter beschäftigen, denn der Metamerie haben wir es zu verdanken, daß wir Farbeindrücke überhaupt mit einem vertretbaren technischen Aufwand reproduzieren können.

Nun wissen wir also, daß Farbwahrnehmungen auf unterschiedlichen Wellenlängenreizen basieren müssen. Bleibt die Frage, wie wir diese erfassen und verarbeiten. Um sie zu klären, knüpfen wir am Abschnitt „Die Photorezeptoren" aus Kapitel 1 an und werfen einen gezielten Blick auf die Zapfenrezeptoren.

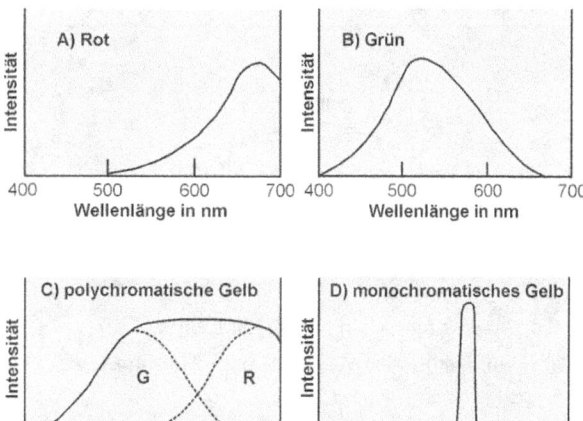

Abb. 4-3: Intensitätsverteilungskurven
A zeigt die I-Kurve eines als rot empfundenen Lichts. B zeigt die I-Kurve eines grünen Lichts. C zeigt die Mischung von A und B, also gelb. D zeigt die I-Kurve von monochromatischem gelben Licht.

Die Zapfenrezeptoren

Der britische Physiker **Thomas Young** war der erste, der bereits 1801 in seiner **Dreifarbentheorie des Sehens** vorhersagte, daß für unser Farbensehen drei unterschiedliche Rezeptorarten verantwortlich sind, die drei unterschiedliche Informationen liefern. **Hermann von Helmholtz**, der Youngs Forschungen weiter vorantrieb, ging davon aus, daß diese Rezeptoren nicht über den gesamten Bereich, in dem sie

Die Wahrnehmung von Helligkeit und Farbe

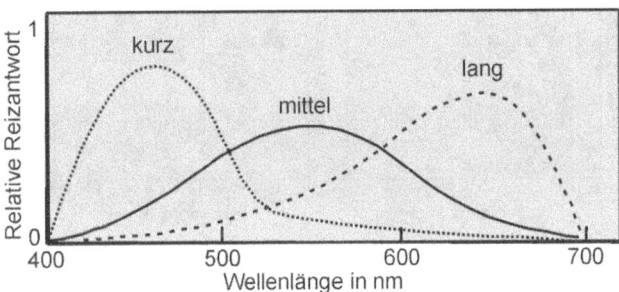

Abb. 4-4: Resonanzkurven nach Helmholtz
Hermann von Helmholtz' hypothetische Resonanz-Kurven der drei Photorezeptoren (1).

ansprechen, gleich empfindlich sind, sondern in einem mehr und in einem anderen weniger. Basierend auf dieser Annahme entwickelte er drei hypothetische Absorptions-Kurven für die zu diesem Zeitpunkt noch unterstellten Photorezeptoren, die sich im Hinblick auf das Spektrum und die Qualität der Reizantwort unterscheiden. Abb. 4-4 zeigt die von Helmholtz unterstellten Kurven. Jede dieser Kurven ist über einen breiten Bereich gestreckt und spricht in einem jeweils bestimmten Wellenlängenbereich am besten an. Die Kurve links außen beschreibt einen Rezeptor, der im kurzwelligen Bereich am besten reagiert, die in der Mitte einen, der auf den mittelwelligen Bereich des Spektrums anspricht und jene auf der rechten Seite zeigt das angenommene Verhalten eines Rezeptors mit der besten Antwort im langwelligen Bereich. Dieser Abstufung folgend nennen wir diese Zapfenrezeptoren K-Rezeptor (für kurzwellig), M-Rezeptor (für mittelwellig) und L-Rezeptor (für langwellig).

Ein Farbreiz erregt entweder einen, zwei oder alle drei Rezeptorarten und wird in ein spezifisches Signalmuster umgesetzt. Ein Reiz, wie ihn beispielsweise die Remissions-Kurve des grünen Objekts in Abb. 4-2 hervorruft, würde die M- und L-Rezeptoren am stärksten und die K-Rezeptoren nur ein wenig erregen. Dieses Erregungsmuster ist die Grundlage für die nach weiteren Verarbeitungsschritten entstehende Wahrnehmung von Grün. Da die Erregungsmuster von der genauen Form der Absorptions-Kurven abhängen, ist es für uns von großer Wichtigkeit, diese so genau wie möglich zu bestimmen.

Hierzu bedienen wir uns der modernen Mikrospektrophotometrie, die es uns erlaubt Wellenlänge für Wellenlänge die Lichtmenge zu bestimmen, die jeder Rezeptor absorbiert. Dazu wird ein schwacher Lichtimpuls auf eine genau definierte Stelle der Netzhaut geschickt und mit exakter Messtechnik ermittelt, wie viel davon reflektiert wird. Das Ergebnis dieser Analyse ist, daß nur drei verschiedene Absorptions-Spektren ermittelt werden konnten und Thomas Young eine zwar späte, aber doch unzweifelhafte

Die Zapfenrezeptoren

Bestätigung erfahren hat: Unsere Retina weist tatsächlich drei unterschiedliche Zapfenrezeptor-Arten auf, die aufgrund der spektralen Empfindlichkeit ihrer photochemisch aktiven Pigmente für die Farbwahrnehmung verantwortlich sind. Die Beziehung zwischen ihrer Empfindlichkeit und der Wellenlänge des Lichts drückt sich in einer für jeden Rezeptortyp einzigartigen Absorptionskurve aus, die Abb. 4-5 darstellt. Je höher diese Kurve steigt umso mehr Pigment wird bei der jeweiligen Wellenlänge gebleicht und umso stärker fällt das Ausgabesignal des Rezeptors aus.

Die **K-Zapfen** (für kurzwellig) sprechen auf den recht engen Bereich des Spektrums zwischen 400 nm und 520 nm an (Violett, Blau und Blau-Grün) und sind bei einer Wellenlänge von rund 435 nm (Blau-Violett) am empfindlichsten. Die **M-Zapfen** (für mittelwellig) reagieren in der weiten Spanne zwischen 450 nm und 660 nm (Blau, Blau-Grün, Grün und Gelb) und besitzen einen Empfindlichkeitsgipfel bei 530 nm (Grün). Die **L-Zapfen** (für langwellig) umfassen einen sogar noch etwas größeren Teil des Spektrums, denn sie sind mit dem Bereich zwischen 460 nm und 700 nm auch für Rot-Orange empfindlich. Ihre maximale Empfindlichkeit liegt bei rund 565 nm im grün-gelben Bereich.

Dass die einzelnen Zapfentypen unterschiedlich auf die verschiedenen Wellenlängenbereiche ansprechen liegt daran, daß sie mit Iodopsin-Pigmenten gefüllt sind, die sich genetisch voneinander unterscheiden. Demgegenüber enthalten die Stäbchenzellen alle das photochemisch aktive Pigment Rhodopsin und sind damit für den Wellenlängenbereich zwischen 440 nm und 620 nm (grün-gelb) empfindlich.

Anhand der Absorptions-Kurven können wir nachvollziehen, was im Zapfenapparat geschieht, wenn wir ihn mit verschiedenen Lichtspektren reizen. Dies wird erklären, warum wir die zwei spektral unterschiedlich zusammengesetzten Lichtreize aus Abb. 4-3 C und D als identischen Farbeindruck wahrnehmen. Im Fall des monochromatischen Gelb mit einer

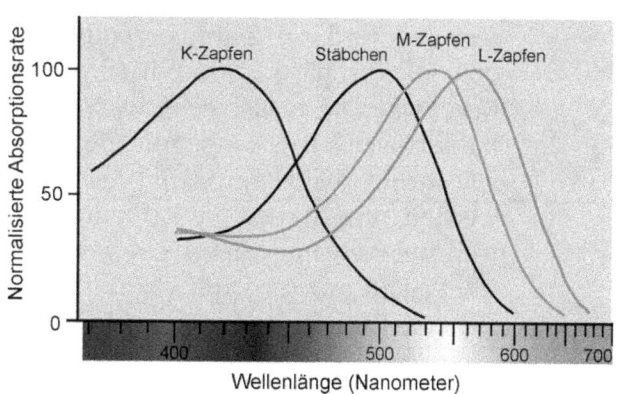

Abb. 4-5: Normalisierte Absorptions-Spektren der Stäbchen- und Zapfenzellen (2).

Die Wahrnehmung von Helligkeit und Farbe

Wellenlänge von 570 nm (Abb. 4-3 D) erhalten wir ein starkes Signal im langwelligen Kanal und ein moderates im mittelwelligen. Im Fall des aus Grün (530 nm) und Rot (650 nm) gemischten polychromatischen Gelb (Abb. 4-3 C) erregt das Grün die M-Zapfen stark und die L-Zapfen weniger stark, das Rot dagegen erregt nur die L-Zapfen. In der Summe hebt dies die Reaktion der L-Zapfen über die der M-Zapfen. Damit ist die kombinierte Antwort identisch zu der, die wir bei der Reizung mit monochromatischem gelben Licht von 570 nm festgestellt haben und deswegen nehmen wir in beiden Fällen Gelb wahr. Auf diese Art können wir auch alle anderen möglichen Mischungsvarianten durchspielen und werden sehen, daß sie jedes Mal auf dasselbe hinaus laufen: die jeweils identische Reizantwort der drei Zapfentypen und den daraus resultierenden identischen Farbeindruck. Den Rezeptoren ist es also egal, wie sie stimuliert werden. Solange nur die Summe ihrer Ausgabegrößen gleich ist, werden wir denselben Farbeindruck wahrnehmen und dies können wir in jedem Fall mit nur drei Grundfarben sicherstellen.

Umformung der Signale in Gegenfarbkanäle

Nun haben wir festgestellt, daß die Photorezeptoren ursächlich für die Entstehung von Farbreizen verantwortlich sind. Das war keine so große Überraschung, aber irgendwo muss man ja anfangen. Ferner haben wir gesehen, daß Helligkeit und Farbe schon früh in der Retina getrennt und separat verarbeitet werden. Das war eine Überraschung. Noch überraschender ist vielleicht, daß die von den Rezeptoren gelieferten Signale nicht einfach so wie sie sind ins Gehirn weitergeleitet werden. Um zu erkennen was statt dessen passiert, experimentieren wir ein wenig herum. Zuerst mit der Helligkeit, dann mit der Farbe.

Betrachten Sie einmal Abb. 4-6. Fällt Ihnen auf, daß das graue Quadrat im rechten Feld dunkler erscheint als im linken, obwohl beide, wie aus dem unteren Teil der Graphik hervorgeht, denselben Schwarzanteil besitzen? Der Unterschied liegt in dem helleren bzw. dunkleren Hintergrund. Daraus dürfen wir folgern, daß das visuelle System die Helligkeit eines Objekts in Abhängigkeit seiner Umgebung konstruiert. Wir bezeichnen dies als **relative Helligkeitswahrnehmung**.

Umformung der Signale in Gegenfarbkanaäle

Nun ein Gedankenexperiment. Zwei Autos parken unter dem Fenster Ihres Arbeitszimmers nebeneinander an der Straße. Das Eine ist tiefschwarz, das Andere schneeweiß. Weil Sie eine Menge zu schaffen haben, sitzen Sie schon früh am Morgen am Schreibtisch, arbeiten über Mittag durch und legen die Unterlagen erst zur Seite, als sich der Tag schon dem Ende zuneigt. Natürlich machen Sie kreative Pausen, strecken sich ein wenig und schauen aus dem Fenster. Was fällt Ihnen ein, wenn Sie sich diese Situation im Licht Ihrer Alltagserfahrung vorstellen? – Nein, ich meine nicht, daß Sie für so viele Stunden zu schlecht bezahlt werden! Die Lichtverhältnisse wechseln über den Tag mit dem Sonnenstand und den vorbeiziehenden Wolken und trotzdem bleibt das schwarze Auto immer schwarz und das weiße immer weiß. Wenn unser visueller Apparat die Helligkeitswerte nur anhand der reflektierten Lichtmengen bilden würde, müssten sich diese bei unterschiedlichen Beleuchtungsintensitäten verändern, müsste das weiße Auto mal grau und das schwarze mal weißlich aussehen. Aber überlegen Sie mal, etwas bleibt immer gleich, egal wie viel oder wie wenig Licht auf die beiden Fahrzeuge fällt. Ein zweites Beispiel liegt im kleineren Maßstab direkt vor Ihnen. Die schwarzen Buchstaben auf

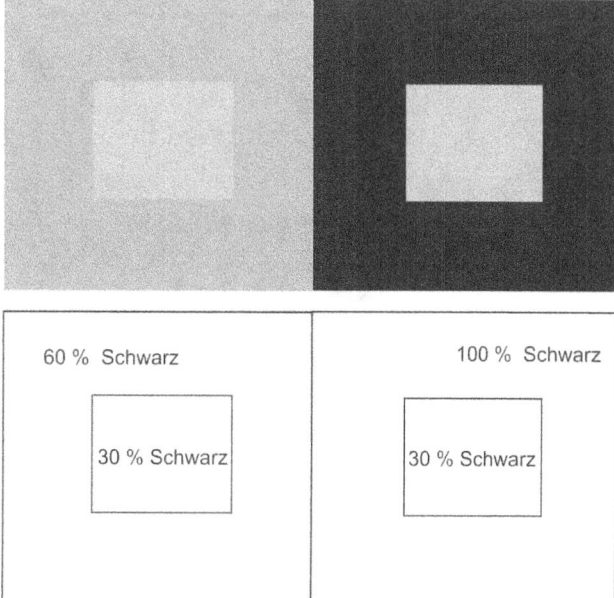

Abb. 4-6: Simultankontrast
Die zwei inneren Quadrate reflektieren jeweils gleich viel Licht und erscheinen uns trotzdem unterschiedlich hell. Das dem wirklich so ist können Sie sehen, wenn Sie sie durch zwei Löcher in einem Pappstreifen betrachten und so vom jeweiligen Hintergrund freistellen.

den Seiten dieses Buches erscheinen uns schwarz und das Papier weiß, egal wie hell oder dunkel es im Zimmer ist. Das gestattet uns den Schluss, daß das visuelle System die Helligkeit der Objekte konstant, also unabhängig von der Beleuchtungsintensität konstruiert. Wir bezeichnen dies als **konstante Helligkeitswahrnehmung**.

Nun zur Farbe. Schließen Sie einmal die Augen und stellen Sie sich ein

Die Wahrnehmung von Helligkeit und Farbe

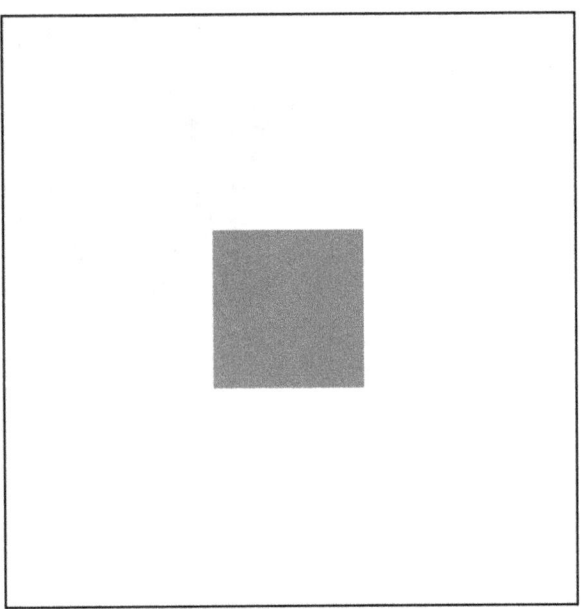

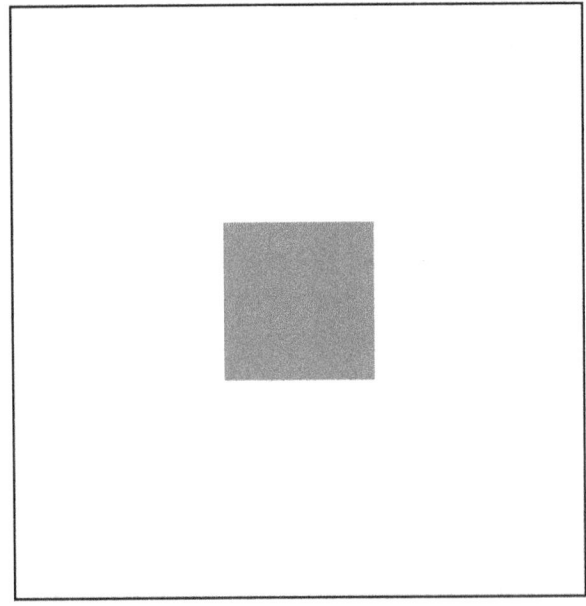

Abb. 4-7: Vorlagen zum Erzeugen farbiger Nachbilder

rötliches Gelb vor, Orange also. Hat es geklappt? Prima, das war leicht! Versuchen wir's gleich noch mal. Diesmal mit jenem rötlichen Blau das unser größtes deutsches Telekommunikations-Unternehmen als Markenfarbe auserkoren hat – Magenta. Auch das fällt Ihnen sicher nicht schwer, oder? Genauso sieht es sicher mit Mischungen aus Blau und Grün (Aquamarinblau) bzw. Gelb und Grün (Lindgrün) aus. Aber jetzt kriege ich Sie 'dran, wetten? Der fünft und sechste Versuch gilt einem rötlichen Grün beziehungsweise einem gelblichen Blau. Lassen Sie sich ruhig Zeit und strengen Sie sich tüchtig an.

Nun, es geht nicht, was? Macht aber nichts, denn Farben wie diese kann sich kein normal farbsichtiger Mensch vorstellen oder wahrnehmen. Und weil das so ist, muss es unserem visuellen System geschuldet sein. An den Zapfenrezeptoren kann es nicht liegen. Denen sollte es leicht fallen solche Farbeindrücke zu erzeugen, denn sie sind in diesen Bereichen des Spektrums durchaus empfindlich. Trotzdem sieht es so aus, als verfügte unser visuelles System an irgendeiner Stelle hinter den Photorezeptoren über vier Grundfarben, die nicht mit denen der additiven- und der subtraktiven Farbmischung identisch sind: Blau, Grün, Gelb und Rot. Alle Farben, die wir wahrnehmen können, lassen sich

Umformung der Signale in Gegenfarbkanäle

verbal als Mischungen dieser vier Grundfarben beschreiben. Dem Physiologen Ewald Hering fiel dieser Zusammenhang schon 1878 auf und bei seinen folgenden Versuchen förderte er noch etwas mehr zutage, nämlich daß
- rotblinde Menschen gleichzeitig auch grünblind sind
- Menschen, die unfähig sind Blau wahrzunehmen, auch kein Gelb sehen
- Farbige Nachbilder (auch: Sukzessivkontrast) denselben Regeln folgen. Schauen Sie etwa 30 Sekunden angestrengt auf das rote Quadrat im oberen Teil der Abb. 4-7, blicken Sie dann auf eine andere weiße Fläche und blinzeln Sie. In dem sich einstellenden Nachbild sollten Sie ein cyanfarbenes Quadrat wahrnehmen. Analog sollte sich nach dem Betrachten des blauen Quadrats ein gelbes Nachbild einstellen.

1878 fasste Hering diese Erkenntnisse in der These zusammen, daß Rot und Grün, Blau und Gelb sowie Schwarz und Weiß zu je einem Gegensatzpaar verbunden sind und formulierte daraus seine **Gegenfarbentheorie**. In ihr erdachte er zur Erklärung drei einfache Mechanismen, die jeweils entgegengesetzt auf Licht unterschiedlicher Wellenlänge und Intensität reagieren.

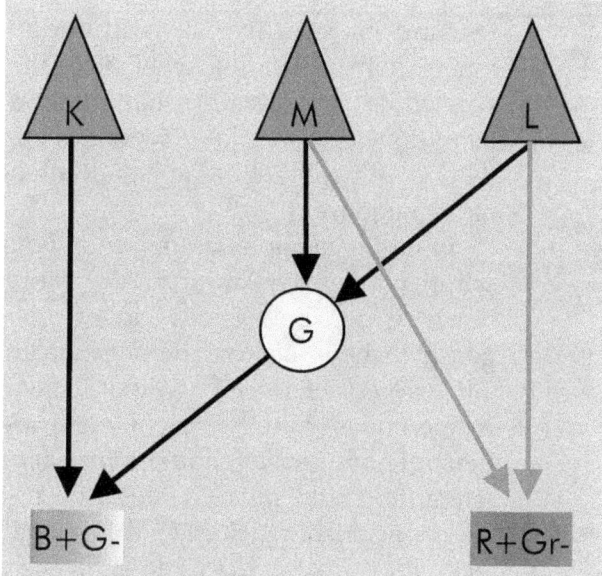

Abb. 4-8: Gegenfarbmechanismus
Neuronale Verschaltung der Zapfensignale zu Gegenfarbenzellen. Der neuronale Schaltkreis erzeugt aus den erregenden und hemmenden Signalen der auf den kurzwelligen (K), mittleren (M) und langwelligen (L) Teil des Spektrums antwortenden Zapfenrezeptoren die Reizreaktionen für Blau-Gelb und Rot-Grün. Die Zelle Z verschaltet die M- und L-Signale zur Gelb-Reaktion.

Der Schwarz - / Weiß + Mechanismus reagiert mit einer positiven Antwort auf eine Stimulation an jeder Zapfenart und signalisiert so die Helligkeit. Rot + / Grün - reagiert positiv auf Rot und negativ auf Grün. Blau - / Gelb + reagiert negativ auf Blau und positiv auf Gelb. Der Theorie zufolge sollen alle Paarungen auch umgekehrt vorkommen. Da aber zu Herings Zei-

Die Wahrnehmung von Helligkeit und Farbe

ten und bis weit ins 20. Jahrhundert hinein kein physiologischer Vorgang vorstellbar war, der dies hätte bewirken können, fristete die Gegenfarbentheorie ein jahrzehntelanges Mauerblümchendasein.

Erst die neurophysiologischen Forschungen der 1960er und 70er Jahre brachten den Beweis für ein mit gegensätzlichen elektrischen Signalen auf unterschiedliche Wellenlängen reagierendes Neuron, die **Gegenfarbenzelle**, in der Netzhaut einer Karpfengattung und im CGL des Rhesusaffen (Svaetichin 1956, De Valois et al 1958 1+2). David Hubel und Torsten Wiesel haben diese Zellen im CGL von Makake-Affen 1966 genau untersucht und herausgefunden, daß sie sich in drei typische Zellklassen unterteilen lassen (Hubel, Wiesel 1966 1+2). Da die Fähigkeit zur Farbwahrnehmung bei dieser Primatenart beinahe genauso ausgeprägt ist wie bei uns Menschen, dürfen wir mit Recht annehmen, daß unser visuelles System über die funktionell selben Neuronen verfügt, die wir natürlich im farbempfindlichen Was-Kanal finden.

Typ 1 Zellen (Midget-Zellen in der Retina bzw. Parvo-Ganglienzellen im CGL) Sie markieren den hochauflösenden Formkanal des Was-Systems, besitzen kleine rezeptive Felder, die in Zentrum und Umfeld geteilt sind.

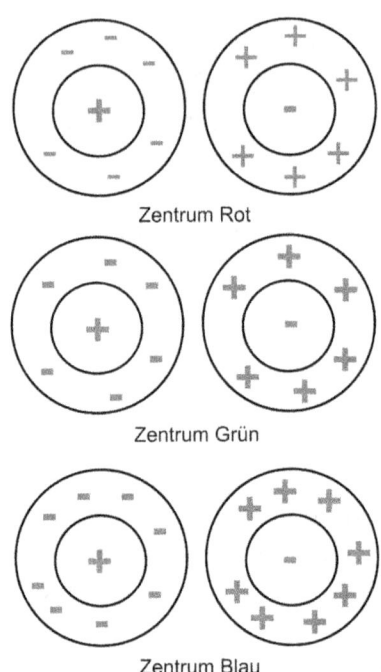

Abb. 4-9: Typ 1 Zellen

Das Zentrum erhält erregende oder hemmende Signale von jeweils einem Zapfentyp (L-Rot, M-Grün oder K-Blau). Das Umfeld erhält analog dazu erregende oder hemmende Signale der jeweiligen Gegenfarbzapfen. Die Kombinationen sind also R+/G-, R-/G+, G+/R-, G-/R+, B+/R+G)-, B-/R+G)+ (Gelb entsteht durch die Kombination der L- und M-Signale). Die Zellen sind farbselektiv, weil sie von jeweils einem Bereich des Spektrums erregt und von einem anderen gehemmt werden

Typ 2 Zellen (Midget-like-Zellen in der Retina) Sie markieren den ge-

Umformung der Signale in Gegenfarbkanäle

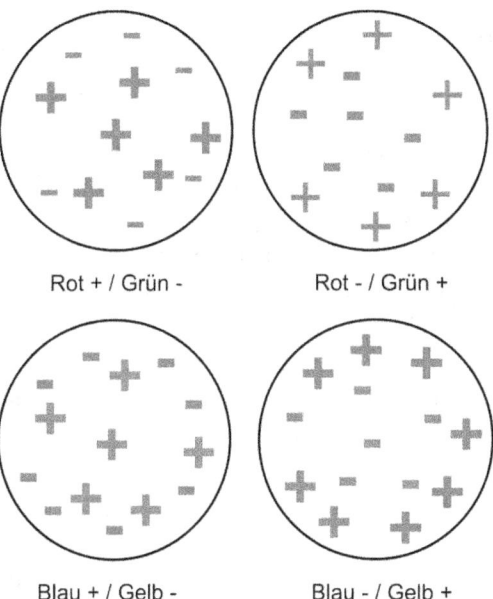

Abb. 4-10: Typ 2 Zellen

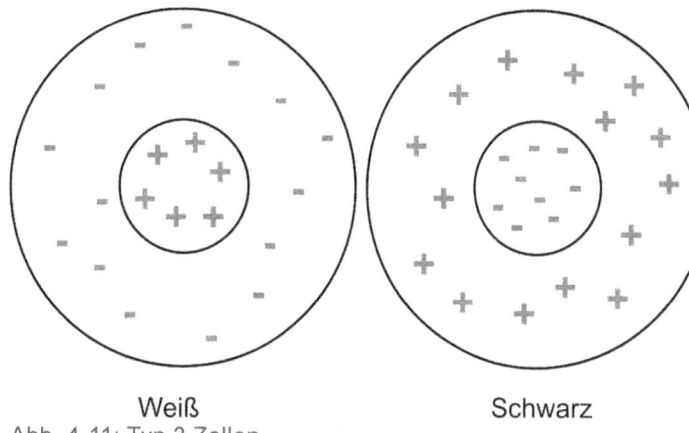

Abb. 4-11: Typ 3 Zellen

ringerauflösenden Farbkanal des Was-Systems, besitzen größere rezeptive Felder als Typ 1 Zellen und weisen nur ein Zentrum auf. Das Zentrum erhält erregende Signale eines Zapfentyps und hemmende eines anderen. Die Kombinationen sind also R+/G-, G+/R-, B+/R+G)-, B-/R+G)+ (Gelb entsteht durch die Kombination der L- und M-Signale). Viele Wissenschaftler gehen heute davon aus, daß diese Zellen die erste Stufe unserer Farbwahrnehmung markieren.

Typ 3 Zellen (Parasol-Zellen in der Retina bzw. Magno-Zellen im CGL) Sie markieren den Wo-Kanal, besitzen die größten rezeptiven Felder der drei Zellarten, die in Zentrum und Umfeld geteilt sind. Zentrum und Umfeld erhalten beide erregende und hemmende Signale aller drei Zapfenarten. Sie sind weder farbselektiv noch farbopponent, also farbenblind und reagieren auf Intensitätszunahme bzw. -verminderung.

Zusätzlich dazu wurden später die so genannten **Bistratified Zellen** entdeckt, die sich funktional und neurochemisch grundlegend von den M- und P-Ganglienzellen unterscheiden und in die koniozellulären Schichten des CGL projizieren (koniozellulär bedeutet „Zellen klein wie Staub"). Sie machen etwa 10 % der retinalen Ganglienzellen aus und besitzen sehr große rezeptive Felder, die nur ein Zentrum aufweisen. Das Zentrum wird immer von B-Zapfen

Die Wahrnehmung von Helligkeit und Farbe

erregt und von R+G Zapfen gehemmt. Sie weisen eine mittelmäßige räumliche Auflösung auf und reagieren auf durchschnittliche Kontraste. Allerdings ist dieser Zelltyp wissenschaftlich noch nicht universell akzeptiert und außer, daß es einen dritten Kanal zum visuellen Kortex darstellt, ist die Rolle des koniozellären-Systems für die visuelle Wahrnehmung aktuell unklar. Es ist nicht ausgeschlossen, daß es zur Farbwahrnehmung beiträgt. Vielfach wird ihm auch eine Rolle bei der Integration somatosensorischer-/propriozeptiver- und visueller Informationen zugeschrieben. Propriozeption, vom lateinischen *proprius = man selbst*, ist der Sinn für die relative Position benachbarter Körperteile. Im Gegensatz zu den sechs exterozeptiven Sinnen (Sehen, Hören, Schmecken, Riechen, Tasten und Gleichgewicht), mit denen wir die äußere Welt wahrnehmen und dem interozeptiven Sinn, mit dem wir Schmerzen und die Bewegungen der inneren Organe auffassen, gibt uns der propriozeptive Sinn Aufschluss über den inneren Zustand des Körpers.

Hubels und Wiesels Ergebnisse passen erstaunlich gut zu den Anforderungen des Heringschen Modells, das ja Gegenfarbenzellen für den Rot-Grün-Kanal, den Blau-Gelb-Kanal und den Intensitätskanal (die Helligkeit) vorsieht. In der Praxis müssten die Reizmuster der S-, M- und L-Zapfen im Netzhaut-Netzwerk der Horizontal-, Amakrin- und Bipolarzellen in einem ersten Schritt so umgruppiert werden, daß sie sich in je einem Rot-Grün-Kanal (L-M), einem Blau-Gelb-Kanal (S-(L+M)) und einem Schwarz-Weiß-Kanal (M+L bzw. S+M+L) für die Intensität gegenüberstehen. – Sie haben es gemerkt? Gelb entsteht durch die Kombination der L- und M-Signale. Die so sortierten Daten gelangen dann im zweiten Schritt zu den Typ 2 Gegenfarbenzellen in der Retina und im CGL. Je nach dem welcher der erregenden und hemmenden Reize überwiegt, gibt die Zelle ein Signal, das der Differenz des entsprechenden Kanals für den jeweiligen Bereich der Netzhaut entspricht. Allerdings ist bis heute unklar, ja sogar hoch umstritten, wie die notwendige Umgruppierung der Rezeptorsignale in der Retina genau aussieht. Darüber hinaus beantwortet das Modell auch einige andere Fragen nicht hinreichend und so gibt es durchaus Wissenschaftler, die den Gegenfarbemechanismus auf höherer Ebene, in der primären Sehrinde, ansiedeln. Bis sich handfeste Beweise dafür finden, bleibt es allerdings der beste Erklärungsansatz.

Die Signale für Gelb und Blau bzw. Grün und Rot laufen also in demselben Kanal, können dies aber nicht zur selben Zeit tun und so erklärt sich, warum wir kein rötliches Grün oder ein gelbliches Blau wahrnehmen können. Mit dem farbigen Nachbild verhält es sich so: Blicken wir längere Zeit auf eine Fläche von gegebener Farbe, so verbrauchen sich die Pigmente in den jeweils aktiven Photorezeptoren und ihre neuronale Reaktion wird schwächer. Dadurch gerät der entsprechende Gegenfarbenkanal aus dem Gleichgewicht und wir nehmen die Komplementärfarbe des ursprünglichen Reizes wahr.

Die Typ 3 Zellen des Helligkeitskanals arbeitet ein wenig anders, denn hier wird die Wertedifferenz für einen Punkt der Netzhaut *und* seine Umgebung gebildet. Dazu vereinigen sich die erregenden Signale aller drei Zapfenarten der jeweiligen Netzhautposition (einige Wissenschaftler sind der Ansicht es seien nur die der M- und L-Zapfen) im Zentrum der Zelle und werden gegen den hemmenden Output ihrer direkt benachbarten Artgenossen im Zellrand abgewogen.

Diese Art der Verarbeitung mit einem quasi räumlichen Bezug erklärt die eingangs dargestellten Phänomene der relativen- und konstanten Helligkeitswahrnehmung. Die beiden inneren Quadrate in Abb. 4-6 erscheinen uns unterschiedlich hell, weil sie das Licht in Bezug auf den Hintergrund in einem jeweils anderen Verhältnis

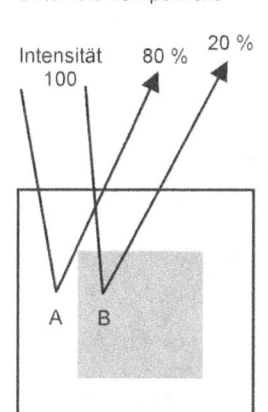 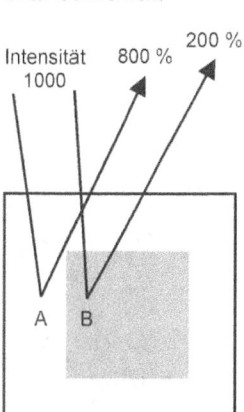

Abb. 4-12: Konstante Helligkeitswahrnehmung
Das Verhältnis der reflektierten Lichtmengen (B) von weißem Untergrund und grauer Fläche bleibt auch bei Zunahme der Beleuchtungsintensität (A) gleich. Und nur an diesem Verhältnis orientiert sich unser visueller Apparat bei der Konstruktion von Helligkeitswerten.

reflektieren. Gleichzeitig nehmen wir das Schwarz der Buchstaben und das Weiß der Seiten dieses Buches immer als schwarz bzw. weiß wahr, weil das Verhältnis zwischen der von beiden reflektierten Lichtmenge immer gleich bleibt. Abb. 4-12 veranschaulicht diesen Zusammenhang.

Diese Verhältnisbildung versetzt sie in die Lage jeden Helligkeitswert im Kontrast zu seinem Hintergrund zu bewerten und gleichzeitig jede Veränderung der Beleuchtungsintensität außer Acht zu lassen. Ohne diesen Vergleich wären diese Wahrnehmungen

Die Wahrnehmung von Helligkeit und Farbe

nur schwer zu erklären. Dieselbe Verhältnisbildung wird uns im nächsten Abschnitt zur dritten Verarbeitungsstufe in Bezug auf die Farbwahrnehmung wiederbegegnen und dort werden wir den Grund für dies Verhalten kennenlernen.

Sind **Schwarz** und **Weiß** Farben oder nur Helligkeitswerte? Das ist eine Frage, auf die man oft kontroverse Antworten bekommt. Neurophysiologisch ist die Antwort ganz einfach. Im Anschluss an die Ebene der Photorezeptoren ist Helligkeit eine eine der drei Achsen, an denen ein Farbwert bestimmt wird. Das bedeutet im Umkehrschluss, daß kein Farbwert ohne der Hinzunahme der Helligkeit definiert werden kann. Der Unterschied zwischen beispielsweise Braun und Gelb liegt einzig und allein in der Helligkeit, also der unterschiedlichen Position auf der Schwarz-Weiß-Achse. Schwarz und Weiß sind also in der Tat Farben. Allerdings solche, die keine Färbung haben und deshalb werden sie auch als unbunt bezeichnet.

Wie im Fernsehen –
Die Begründung für das komplizierte Verfahren

Nun darf man sich zu Recht fragen, warum die Evolution das recht aufwendige System des Gegenfarbmechanismus hervorgebracht hat. Dafür gibt es zwei gute Gründe. Beginnen wir mit dem einfachen Teil der Erklärung und gehen wir in der Entwicklungsgeschichte zurück in die Zeit, als die Lebewesen noch nicht farbtüchtig waren. Ihre visuelle Wahrnehmung war beschränkt auf die Unterscheidung von Helligkeitswerten und um dies zu bewerkstelligen, wurden die Signale der Photorezeptoren aufsummiert, so wie es bei uns heute noch im Helligkeitskanal der Fall ist. Mit dem Aufkommen der für die Farbwahrnehmung verantwortlichen Rezeptoren schlug die Evolution dann nicht den eigentlichen folgerichtigen Weg ein, je einen Rot-, Grün- und Blaukanal zu entwickeln, sondern erweiterte das bestehende System auf die effektivste Art und Weise einfach um zwei weitere Achsen: die für die Differenz zwischen Rot und Grün bzw. Blau und Gelb. Dies hat darüber hinaus den Vorteil, daß sich die zu übertragende Informationsmenge reduziert, denn anstatt die Daten für Schwarz, Weiß, Rot, Grün und Blau (5 Kanäle) getrennt zu übermitteln, genügen mit den Differenz-Werten 3 Kanäle.

Dass dies wirklich die effizienteste Informationsverarbeitung ist, finden wir in der Entwicklung des modernen Mediums Fernsehen bestätigt. Auch dort wird zu Beginn (in der Kamera)

Wie im Fernsehen – Die Begründung für das komplizierte Verfahren

und am Ende des Prozesses (im Fernsehgerät) mit jeweils einem Signal für Rot, Grün und Blau gearbeitet. Dazwischen aber, bei der Ausstrahlung des Videosignals, greift man ebenfalls auf ein Helligkeitssignal und zwei Farbdifferenzsignale zurück. Der Grund dafür ist in der technischen Entwicklung zu finden und hat ebenfalls etwas mit Effizienz zu tun. Nachdem RCA 1935 das erste Fernsehsystem vorgestellt hatte erkannte die Aufsichtsbehörde, daß sie den zu Ausstrahlung nutzbaren Bereich des elektromagnetischen Spektrums unter den an der neuen Technik interessierten Unternehmen aufteilen musste. Zu dieser Zeit gab es natürlich nur die Technik für das schwarzweiße Bild und obwohl zur Übermittlung dieses Signals 3,7 Mhz genügten, gestand man jeder Station großzügige 6 Mhz zu. Bis 1940 hatte die Fernsehgesellschaft CBS das erste Farbfernsehsystem entwickelt, das die Signale für Rot, Grün und Blau auch in der Ausstrahlungsphase separierte. Damit gab es zwei grundlegende Probleme. Zum ersten benötigte es drei einzelne 3,7 Mhz-Bänder, zum zweiten schloss es die Nutzer der bisherigen S/W-Geräte vom Empfang der neuen Farbsignale aus. Da die Federal Communications Commision nicht bereit war CBS die benötigte zusätzliche Bandbreite zuzugestehen, wurde das System nach jahrelangen Rechtsstreitigkeiten zur Durchsetzung des eigenen Standards nach wenigen Monaten des Betriebs wieder vom Markt genommen. In der Zwischenzeit hatten andere Firmen unter Führung von RCA ein S/W kompatibles Farbsystem entwickelt, indem sie die Rot-, Grün- und Blausignale zu einem Helligkeitssignal aufsummierten und gleichzeitig zu zwei Differenzsignalen (Rot minus Helligkeit und Blau minus Helligkeit) aufteilten. Ein dritter Grün-minus-Helligkeit-Kanal war unnötig, denn es genügte die Summe der Einzelkanäle von ihrer Gesamtsumme abzuziehen, um den Wert der dritten Grundfarbe zu bestimmen. Das Helligkeitssignal braucht 4,2 Mhz, die beiden Differenzsignale jeweils 1,5 Mhz bzw. 0,5 Mhz, aber durch die geringfügige Überlappung der Kanäle konnten die Ingenieure sicherstellen, daß die zur Verfügung stehenden 6 Mhz nicht überschritten wurden. Dieses System wurde 1953 zum Standard erklärt und bestimmt bis heute die Arbeitsweise des Farbfernsehens.

Der zweite Teil der Erklärung hat damit zu tun, daß die Reizantwort der Photorezeptoren allein noch keine verlässliche Information über die Farbe des Lichts liefert, das sie aktiviert. Das kommt so. Die drei Zapfenrezeptor-Arten, die das Farbensehen verantworten, weisen weit gespannte

Die Wahrnehmung von Helligkeit und Farbe

Empfindlichkeitskurven auf. Wird also z.B. ein für den mittelwelligen grünen Bereich des Spektrums zuständige M-Zapfen von sagen wir mal 100 Photonen der Wellenlänge 580 nm (gelb) getroffen und darauf mit einer spezifischen Reaktion antworten, so wäre seine Reaktion auf ein doppelt so helles Licht dieser Wellenlänge auch doppelt so stark. Noch größer wäre sie aber, wenn er mit 100 Photonen bei 520 nm (grün) gereizt würde, denn bei dieser Wellenlänge ist seine Empfindlichkeit am höchsten. Die Reizantwort gibt also nur Auskunft über die Helligkeit des Lichts, nicht aber über seine Farbigkeit. Diese Unbestimmtheit umgeht das visuelle System, indem es die Signale der Rezeptoren in den Gegenfarbenkanälen gegeneinander abwägt. Wenn wir das obige zweite Beispiel noch einmal aufgreifen und einen Teil der Netzhaut mit grünem Licht von 520 nm Wellenlänge überfluten, werden die M-Zapfen in diesem Bereich eine stärkere Antwort geben als die L-Zapfen (die K-Zapfen werden durch Licht dieser Wellenlänge nicht aktiviert), denn auf diese Wellenlänge reagieren sie am empfindlichsten. Mit Verdoppelung der Helligkeit verdoppelt sich nun zwar auch die Signalstärke der beiden Rezeptoren, aber relativ gesehen ist das Signal der M-Zapfen immer noch größer als das der L-Zapfen. Folgerichtig liegt die Information über die Farbigkeit also in dem auch bei wechselnder Helligkeit immer gleich bleibenden Verhältnis zwischen den Reizantworten der drei Rezeptor-Arten. Und diese Relation ermittelt der Gegenfarbemechanismus.

Hinzufügen eines räumlichen Aspekts für Farbe

Betrachten Sie einmal Abb. 4-13. Am besten im direkten Sonnenlicht. Der graue Streifen im Zentrum ist durchgehend in demselben Grau angelegt. Fällt Ihnen auf, daß er allmählich von einem leicht rötlichen Grau auf der linken Seite zu einem leicht grünlichen Grau auf der rechten Seite überzugehen scheint?

Ein anderes Beispiel. Die beiden pfirsichfarbenen Quadrate in Abb. 4-14 weisen in Wirklichkeit dieselben spektralen Eigenschaften auf. Trotzdem erscheint das Linke, das vor einem dunkleren Hintergrund steht, heller als das Rechte, welches von helleren Tönen umgeben ist. Beide Effekte werden als **Simultankontrast** bezeichnet und legen die Vermutung nahe, daß wir

Hinzufügen eines räumlichen Aspekts für Farbe

Abb. 4-13: Simultankontrast 1

Abb. 4-14: Simultankontrast 2
Die beiden pfirsichfarbenen Quadrate erscheinen von leicht unterschiedlicher Farbigkeit zu sein, je nach dem ob sie, wie in der linken Abbildung, von dunkleren oder, wie in der rechten, von helleren Tönen umgeben sind. – Wir konstruieren Farben also in Abhängigkeit von deren unmittelbarer Umgebung.

Die Wahrnehmung von Helligkeit und Farbe

es hier mit einer räumlichen Gegensatzbildung in den Farbkanälen zu tun haben, die über das oben beschriebene Ergebnis der einfachen Gegenfarbenzellen hinausgeht und sich ganz ähnlich verhält wie im Helligkeitskanal.

Und noch 'nen Gedicht dazu. Suchen Sie sich in Ihrer Behausung ein Objekt in irgendeiner einheitlichen Farbe und betrachten Sie es einmal unter dem durchs Fenster einfallenden Tageslicht und danach unter dem Licht einer Glühlampe. Sie werden vielleicht eine geringe Farbänderung feststellen, jedoch wird sie viel weniger stark ausfallen, als es aufgrund der unterschiedlichen Beleuchtung zu erwarten gewesen wäre. Schließlich enthält das Glühlampenlicht noch stärker als das Licht der niedrig stehenden Sonne einen viel größeren Anteil langwelliger (rötlicher) Strahlung als das Tageslicht.

Zusammengefasst haben wir es in den zuvor angeführten Beispielen mit zwei Komplexen zu tun: Zum einen nehmen wir Farben in Abhängigkeit ihrer Umgebung *relativ* wahr, zum anderen nehmen wir sie unabhängig von der Qualität der Beleuchtung *konstant* wahr – relativ konstant also.

Beide Phänomene sind mit dem Gegenfarbmechnanismus allein nicht zu erklären, weswegen er nicht die letzte Stufe der Farbwahrnehmung sein kann. Vielmehr ist das Ergebnis identisch mit dem, das wir im vorangegangenen Abschnitt bei den Helligkeitswerten kennengelernt haben. Die Farbinformationen müssen also auf einer höheren Ebene genauso verarbeitet werden, wie es die Typ 3 Zellen des Heligkeitskanals tun.

Um es gleich vorweg zu nehmen: Die endgültigen Prinzipien der im Farbbereich zur räumlichen Gegensatzbildung führenden Vorgänge im menschlichen Gehirn kennen wir noch nicht, aber in Tierversuchen fanden sich Neurone, sogenannte **doppelte Gegenfarbenzellen**, in der primären Sehrinde von Rhesusaffen, die gut geeignet erscheinen die theoretisch nötigen Verarbeitungsschritte durchzuführen (Hubel, Wiesel 1968). Diese Zellen stehen in der Hierarchie eine Stufe über den einfachen Gegenfarbenzellen und vergleichen die Verhältnisse zwischen Rot und Grün sowie zwischen Gelb und Blau nicht nur für einen Punkt auf der Netzhaut wie diese, sondern für einen Punkt und seine Umgebung und damit in einer räumlichen Dimension. Abb. 4-15 illustriert dies. Auch sie sind in Zentrum und Peripherie gegliedert, aber in ihnen werden die Werte vieler beispielsweise Rot + / Grün – Gegenfarbenzellen zu einem erregenden Impuls im Zentrum zusammengefaßt und gegen den hem-

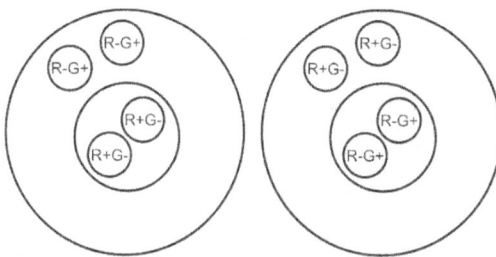

Abb. 4-15: Doppelter Gegenfarbenmechanismus 1. Eine doppelte Gegensatzzelle erhält im Innern und im Rand Signale vonn vielen einfachen Gegensatzzellen. Auch diese Zellen kommen in den Varianten für Blau-Gelb und die Helligkeit vor.

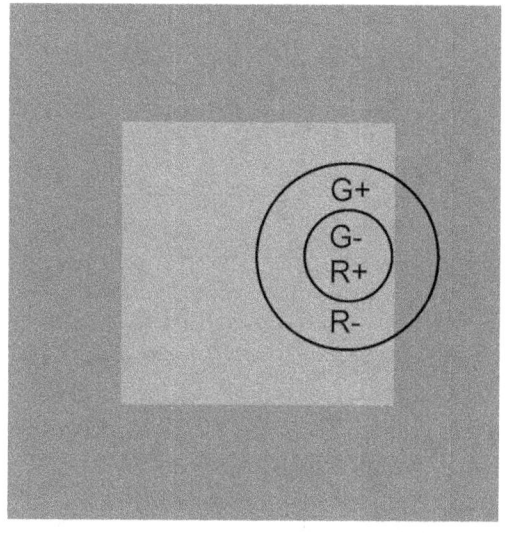

Abb. 4-16: Doppelter Gegenfarbenmechanismus 2

menden Impuls ebenfalls viele Rot - / Grün + Gegenfarbezellen in der Peripherie gesetzt.

Mit diesem Modell können wir die zunächst unvereinbar erscheinenden Phänomene der relativen Farbwahrnehmung (des Simultankontrasts) und der konstanten Farbwahrnehmung erklären.

Damit das bekannte rote Auto rot erscheint, muss es mehr langwelliges (rotes) Licht reflektieren als der Durchschnitt, so daß das Zentrum einer darauf gerichteten doppelten Gegenfarbenzelle gegen das hemmende Signal ihrer Peripherie erregt wird. Was geschieht in diesem Fall im Rot-Grün-Kanal, wenn die Beleuchtung des Fahrzeugs vom neutralen Mittagslicht auf rotüberschüssiges Licht vor Sonnenuntergang wechselt? Sie ahnen es bereits und Sie haben Recht, es ist so einfach. Da in den Kanälen nur Verhältniswerte gebildet werden, ignorieren die doppelten Gegensatzzellen den Rotüberschuss einfach, weil der stärkeren Erregung des Zellzentrums eine ebenso starke Hemmung im Zellrand gegenübersteht. Das Auto bleibt in unserer Wahrnehmung beinahe identisch rot, weil es immer mehr Rot reflektiert als der Durchschnitt, unabhängig davon ob das einfallende Licht einen Rot- oder Blauüberschuss aufweist.

Der Simultankontrast kommt analog zustande: Stellen wir uns eine doppelte Gegenfarbenzelle für den Rot-Grün-Kanal vor, von der nur ihr

Die Wahrnehmung von Helligkeit und Farbe

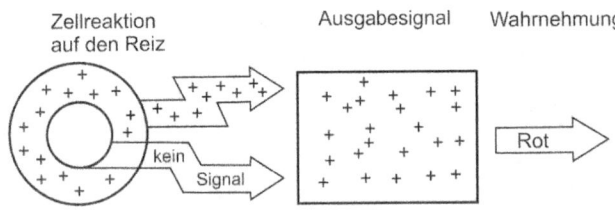

Abb. 4-17: Doppelter Gegenfarbmechanismus 3

Zentrum in den vom Grün umgebenen Teil des grauen Balkens in Abb. 4-13 fällt. Diesen Fall illustriert Abb. 4-17. Das Grau stimuliert die mit dem Zellzentrum verbundenen M- und L-Zapfenzellen und führt netto zu *keiner* Erregung. Das Grün des Hintergrunds wirkt dagegen vor allem auf die M-Zapfen und bewirkt *eine* Erregung im entgegengesetzt verschalteten Rot-Grün-Kanal des Zellrands. In der Summe antwortet die beschriebene Zelle mit einem erregenden Signal, welches als rot interpretiert wird, weil es den Kanal genauso stimuliert wie ein roter Reiz im Zentrum. Das Resultat ist unsere leicht rötliche Wahrnehmung des eigentlich grauen Balkens in Abb. 4-17). Das Gegenteil beobachten wir bei dem von Rot umgebenen Abschnitt. Hier antwortet der Rot-Grün-Kanal mit einem hemmenden Signal und wir nehmen das Grau als leicht grünlich wahr. Ein vergleichbarer Prozess läuft in den doppelten Gegenfarbenzellen des Gelb-Blau-Kanals ab. Damit wissen wir, warum wir Farben in Abhängigkeit zu ihrem Hintergrund wahrnehmen und jede größere farbige Fläche dazu neigt die angrenzenden Regionen in ihrer Komplementärfarbe einzufärben.

Genau wie beim Gegenfarbenmechanismus können wir uns auch hier fragen, warum das visuelle System diesen auf den ersten Blick komplizierten Weg beschritten hat. Und genau wie zuvor lautet die Antwort: Weil er die effizienteste Art der Informationsverarbeitung darstellt. Die räumliche Gegensatzbildung bei Helligkeit und Farbe macht das visuelle System empfindlich für Änderungen der Reflektanz und damit für die Kanten und Grenzflächen zwischen den Objekten. Sie sind die einzig wichtigen Informationen, die der Apparat in unseren Köpfen braucht, um die Formen, die Gestalten der Dinge in unserer Umwelt zu konstruieren. Es ist unnötig, Helligkeit und Farbe an jedem einzelnen Punkt eines beispielsweise durchgehend roten Gegenstands zu definieren. Statt dessen reicht es völlig aus dies überall dort zu tun, wo sich etwas ändert. Und das ist eben an einer Kante oder Grenzfläche der Fall. Auf diese Weise reduziert sich die zu übertragende und zu verarbeitende Informationsmenge erheblich. Diese Zusammenhänge erläutert der Abschnitt „Zweiter Schritt – Beginn der

Informationsverarbeitung" (S. 20 ff) ausführlich.

Aber Ressourcenschonung ist nicht der einzige Grund für die räumliche Gegensatzbildung. Zusätzlich dazu versetzt sie das visuelle System in die Lage, die Oberflächeneigenschaften der Objekte auch unter den beschriebenen qualitativen Schwankungen der Beleuchtung weitgehend identisch abzubilden. Wäre es dazu nicht in der Lage, würde unsere Wahrnehmung der Objektfarben über den Tag beträchtlich schwanken und dies wäre ein nicht zu gering einzuschätzendes Hindernis für unsere Fähigkeit beispielsweise Nahrung als Nahrung zu identifizieren.

Das wir die Fähigkeit zur Farbkonstanz auch bei Goldfischen finden, wie von Nigel Daw nachgewiesen wurde, belegt, daß es sich hier um einen grundlegenden Aspekt der Farbwahrnehmung handelt (Daw 1967). Dieser entspringt weniger einem gezielten Bedürfnis als vielmehr dem Streben des Gesamtsystems nach Ökonomie und möglichst geringem Energieverbrauch, dessen „Abfallprodukte" Farbkonstanz und Simultankontrast sind. Ein Satz des Neurphysiologen und Nobelpreisträgers David Hubel faßt diesen Zusammenhang wie folgt zusammen: *„... evolution can hardly have anticipated tungsten or fluorescent lights, and until the advent of supersuds, our shirts were not that white anyway."* (Hubel 1995, S. 179).

Wichtige empirische Beweise für die Existenz der Farbkonstanz verdanken wir dem amerikanischen Forscher und Unternehmer Edwin Land, vielen besser bekannt als Erfinder der Sofortbildkameras System Polaroid-Land. Seine Experimente mit den sogenannten Farb-Mondrianen, Illustrationen aus vielfarbigen und vielformigen Papierschnipseln, die an die Arbeiten des Malers Piet Mondrian erinnern, erwiesen sich als große Bereicherung für die Wissenschaft und gipfelten in der *Retinex-Theorie*, die ein Modell der Farbkonstanz beschreibt (Land, McCann 1971). Land beleuchtete die Mondriane mit drei Diaprojektoren, die jeweils mit einem roten, grünen und blauen Farbfilter bestückt waren und deren Helligkeit geregelt werden konnte. Dabei stellte er fest, daß die genauen Intensitätseinstellungen der Projektoren für die Wahrnehmung der Farben in den Mondrianen unerheblich sind. Es ist möglich die Intensitäten für jeden Projektor mit einem Photometer an beispielsweise einem blauen Farbteil zu bestimmen und diese Werte auf die Betrachtung einer grünen oder beliebigen anderen Fläche zu übertragen, ohne daß sich die Wahrnehmung der zweiten Farbe verändert. – Grün bleibt Grün, obwohl das Meßgerät die

Die Wahrnehmung von Helligkeit und Farbe

gleichen Werte anzeigt, wie vorher für Blau.

Land und sein Team gingen noch einen Schritt weiter und entwickelten Formeln, um die Farbe eines Gegenstands unabhängig von der Lichtquelle zu bestimmen. Dazu berechneten sie für jeden der drei Projektoren das Verhältnis zwischen dem Licht gemessen an dem Punkt, dessen Farbe bestimmt werden soll, zu dem durchschnittlichen Licht seiner Umgebung. Mit diesen Zahlen läßt sich die Farbe für jeden Punkt in einem Farbraum mit den drei Achsen Rot, Grün und Blau festlegen. Die Möglichkeit eine Farbe so zu berechnen sagt ihre Unabhängigkeit von der Art der Beleuchtung voraus, denn alles was für jeden Wellenlängenbereich zählt ist das Verhältnis zwischen einem bestimmten Punkt und seiner Umgebung.

Dass unser visuelles System ähnlich, ja sogar noch einfacher funktioniert, zeigt die Tatsache, daß Probanden die Farben in den Mondrianen annähernd richtig wahrnehmen, auch wenn diese von nur zwei Projektoren, beispielsweise mit dem blauen und grünen Teil des Spektrums, beleuchtet wurden. Und unter dem Eindruck der zuvor aufgezeigten Berechnungsmöglichkeit ergibt das auch Sinn, denn auch aus nur zwei Wellenlängenbereichen kann ein Verhältnis bestimmt werden.

Annähernde Farbkonstanz bedeutet nicht vollständige Farbkonstanz

Unser visuelles System vermag die Schwankungen in der spektralen Zusammensetzung und Farbtemperatur des Lichts über einen weiten Bereich hinweg auszugleichen, weil die natürliche Beleuchtung fast immer einen genügend großen Anteil aller Spektralbereiche enthält. Einer verstärkten Erregung in der einen Hälfte eines Gegenfarbkanals steht unter dieser Voraussetzung immer noch ein entsprechendes hemmendes Potential in der anderen gegenüber und die Balance bleibt ausgeglichen.

Wenn die Sonne aber am Morgen und am Abend besonders niedrig über dem Horizont steht, erleben wir regelmäßig Momente, in denen sich die Waage unverhältnismäßig zu einer Seite neigt. Alle im direkten Licht liegenden Objekte, egal von welcher Farbe sie sind, erscheinen uns dann zunächst von einem leichten rötlichen Glanz überzogen zu sein und verändern ihre Farbe wenig später nahezu ganz in Richtung Rot-Orange. Besonders gut ist dies an eigentlich weißen Hauswänden zu beobachten, die einen Moment lang von wirklich roter Farbe zu sein scheinen. Ein anderes Beispiele für dieses **Farbumschlag** genannte Phänomen sind jene mittlerweile be-

Annähernde Farbkonstanz bedeutet nicht vollständige Farbkonstanz

tagten Natriumdampflampen, die nur Licht einer einzigen Wellenlänge abstrahlen. Ein Gegenstand, den wir in diesem Licht betrachten, büst fast seine gesamte Farbigkeit ein.

Um zu verstehen, was passiert, schauen wir uns mal die Remissionskurven in Abb. 4-18 an. Sie gibt den Farbreiz an, der entsteht, wenn wir die materialspezifischen Reflexionseigenschaften mit der Qualität der Beleuchtung in Beziehung setzen. Mit der oberen Abbildung tasten wir uns an das Geschehen heran. Sie stammt von einem Gegenstand, der alle Wellenlängenbereiche des Spektrums gleichmäßig reflektiert. Unter einer Beleuchtung, die ebenfalls alle Wellenlängenbereiche enthält, werden wir ihn als weiß wahrnehmen. Die mittlere Abbildung zeigt ein Objekt, das den kurz- und langwelligen Teil des Spektrums absorbiert und nur den mittelwelligen Teil remittiert. Unter der schon zuvor verwandten weißen Beleuchtung wird es uns aus diesem Grund grün erscheinen. Mit der unteren Abbildung kommen wir nun auf den Punkt. Sie zeigt die Remissionskurve desselben grünen Objekts, daß wir diesmal unter der rotüberschüssigen Beleuchtung kurz vor Sonnenuntergang betrachten. Da die Intensitäten von Blau und Grün in der Beleuchtung in diesem Fall gering sind, ist trotz der theoretisch guten Remission des grünen Farbstoffs in diesem Bereich auch der Beitrag zum Farbreiz gering. Die Intensität von Rot ist dagegen hoch und aus diesem Grund dominiert es absolut gesehen den Betrag des zurückgeworfenen Lichts. Rote und organgene Objekte profitieren natürlich ganz besonders stark von diesem Umstand, weil sie diese Bereiche des Spektrums ja sowieso remittieren.

Diese Dominanz des langweiligen roten Anteils in der Beleuchtung und im von den Objekten remittierten Spektrum wirkt sich auch in unserer Farbwahrnehmung aus. Weil das Korrektiv des hemmenden kurz- und mittelwelligen Spektralbereichs fehlt, verursacht sie eine immer größer werdende Summe erregender Signale in den doppelten Gegenfarbenzellen des Rot + / Grün-Kanals und des Gelb + / Blau-Kanals und uns erscheinen das Licht selbst und die Objekte als immer stärker rot-orangen. Wohl gemerkt sind davon nur Dinge betroffen, die direkt von der niedrig stehenden Sonne beleuchtet werden. In den Schattenpartien nehmen wir die Farben als relativ unverändert wahr, weil hier das vom Himmel reflektierte Licht bestimmt, das dem Filtereffekt der Atmosphäre weit weniger stark unterworfen ist. Die durch den flacheren Beleuchtungswinkel gesteigerte Farb-

Die Wahrnehmung von Helligkeit und Farbe

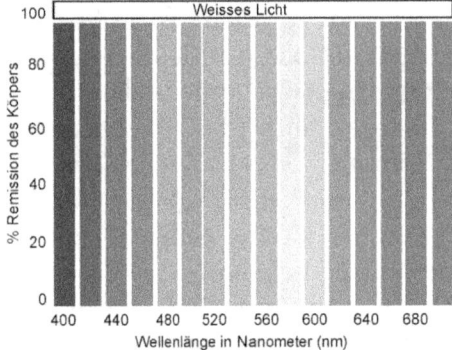

Reines Weiss nehmen wir wahr, wenn ein Körper alle Wellenlängen gleichmäßig zu 90 oder 100 % remittiert und das einfallende Licht gleichzeitig alle Bereich des Spektrums enthält.

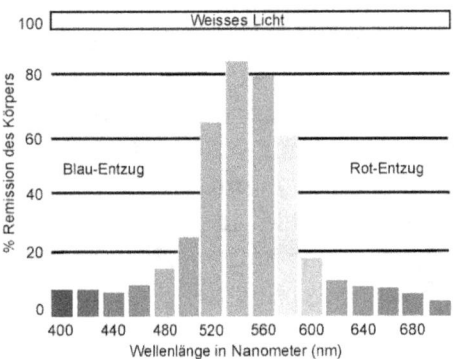

Ein Körper erscheint uns dagegen grün, wenn er den kurz- und langwelligen Teil des einfallenden vollständigen Spektrums absorbiert und nur den mittelwelligen Rest remittiert.

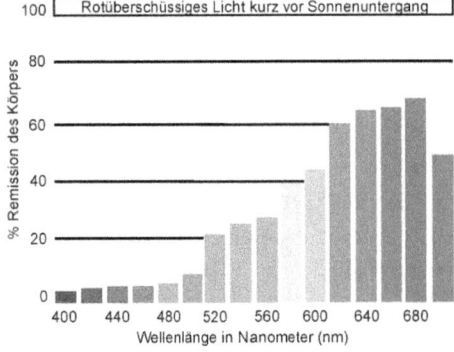

Derselbe grüne Körper erscheint uns aber rötlich, wenn das einfallende Spektrum selbst nicht mehr alle Wellenlängen enthält sondern, wie in diesem Fall die niedrig stehende Sonne, von einem Spektralbereich dominiert wird.

Abb. 4-18: Wellenlänge und Remission

sättigung und jener rote Schein gehen langsam ineinander über und überlagern sich schließlich, so daß sich ihre Wirkungen potenzieren.

Unser Wahrnehmungsapparat reagiert auf diese Konstellation gleich in zweierlei Hinsicht. Zum ersten besitzt er durch die größere Anzahl der für den mittleren gelben und den langwelligen roten Bereich des Spektrums empfindlichen Zapfenzellen in der Retina eine natürliche Vorliebe für die Orange- und Rottöne (siehe „Unser Vorliebe für warme Farben"). Zum zweiten läßt die mit dem flachen Beleuchtungswinkel einhergehende größere Farbsättigung, der weniger vermischte Wellenlängenreiz, einen einzelnen dieser Rezeptortypen vergleichsweise heftig reagieren. In der Summe verursachen die warmen Farben so einen stärkeren neurologischen Reiz, der sich in einer intensiver empfundenen Wahrnehmung niederschlägt. In der physiologischen Konsequenz dieses Zusammenwirkens liegt der Grund dafür, daß wir unsere intensivsten Momente in der Natur in den ersten und letzten Stunden des Tages erleben und gerade dann so häufig zur Kamera greifen.

Erzeugung der Eindrücke

Mit den doppelten Gegenfarbenzellen sind wir nun in der **primären Sehrinde**, dem sogenannten Areal V1, angekommen. Dieser 3 mm dicke, scheckkartengroße Bereich sitzt an den den hinteren Enden der beiden Hirnhälften und weist gut 200 Millionen Nervenzellen auf. Wie wir aus Tierversuchen wissen, integriert sie neben bewegungs- und orientierungssensitiven Nervenzellen auch solche, die ausschließlich auf Wellenlängenreize, nicht aber auf Farben ansprechen. Objekte von unterschiedlicher Farbe, aber gleicher spektraler Reflektanz, erweckten dieselben Reaktionen in diesen Zellen. Obwohl das Wissen über die Farbverarbeitung ab der primären Sehrinde bislang nur bruchstückhaft ist, können wir deshalb festhalten, daß die Farbeindrücke nicht in der primären Sehrinde, sondern in einer höheren Verarbeitungsebene entstehen müssen. Als Bühne dieser Eindrücke legen Semir Zekis Tierversuche das in der zum Schläfenlappen führenden „Was-Bahn" gelegene Areal V4 nahe (Zeki 1973). Dorthin projizieren die Zellen von V1 über das zwischengeschaltete Areal V2. Zellen in V4 reagieren nämlich umgekehrt wie in der Sehrinde auf die Farbe eines Objekts und nicht auf dessen spektralen Gehalt. Zekis später durchgeführte PET-Scans (**P**ositronen-**E**missions-**T**omographie, die die Stoffwechseltätigkeit sichtbar macht) an Menschen bestätigten die Bedeutung des Areals V4 für die Farbwahrnehmung (Zeki 1989). Einen weiteren deutlichen Hinweis auf die enorme Bedeutung dieses nur bohnengroßen Bereichs für das Farbensehen liefert der Neurologe Oliver Sacks in seiner Fallbeschreibung des Malers Jonathan I., der durch eine Verletzung genau dieses Areals in Folge eines Unfalls seine Farbwahrnehmung verlor. Sacks skizziert dies so: *„Sein brauner Hund erscheint ihm dunkelgrau. Tomatensaft nimmt er als schwarz wahr. Und die Farbfernsehbilder sind für ihn ein grauer Mischmasch ... Ihn plagte ... das unappetitliche, «schmutzige» Aussehen dessen, was er sah – jedes Weiß schmierig, wie verschimmelt oder verwaschen, jedes Schwarz wie verstaubt. Alles sah falsch, unnatürlich, verschmutzt und unrein aus. ... Die Haut anderer Menschen, seiner Frau, auch seine eigene Haut nahm er in einem abstoßenden Grauton wahr; «fleischfarben» erschien ihm nun «rattenfarben» und das änderte sich auch nicht, wenn er die Augen schloß, denn sein lebhaftes Vorstellungsvermögen war ihm zwar erhalten geblieben, nur hatte es ebenfalls jegliche Farbigkeit verloren."* Sacks folgert dar-

Die Wahrnehmung von Helligkeit und Farbe

aus: *"Der Patient I. sah mit den Zapfenzellen seiner Netzhäute und mit den auf Wellenlängen reagierenden Zellen von V1, während die farbgenerierenden Mechanismen von V4 auf höherer Ebene versagten. Für uns ist das Ergebnis einer Reizverarbeitung in V1 unvorstellbar, weil es nie als solches wahrgenommen, sondern sofort einer höheren Ebene zugeleitet wird, wo es nach weiterer Verarbeitung eine Farbwahrnehmung hervorbringt. Der reine V1-Output dringt also nie in unser Bewußtsein. I. hingegen nahm diesen Output wahr. Seine Hirnschädigung hielt ihn in einem fremdartigen Zwischenraum gefangen, der unheimlichen Welt von V1, einer Welt der abnormen und gewissermaßen vorfarblichen Empfindungen, die sich weder der Kategorie der Farbigkeit noch der der Farblosigkeit zuordnen ließen."* (Sacks 2001, S. 19, 24-25).

Da die Nervenzellen in V4, ähnlich wie die in V1, eine Selektivität für die Form visueller Reize (ihre Länge, Breite und Ausrichtung) zeigen und zudem selektiv auf ihre Bewegungsrichtung und Geschwindigkeit reagieren, darf man annehmen, daß sich in diesem Areal neben der Farbwahrnehmung zahlreiche Verarbeitungsprozesse abspielen, die wichtige Vorstufen der Objekterkennung darstellen (Desimone, Schein 1987).

An dieser Stelle sind wir der Farbwahrnehmung nun so weit gefolgt, wie es der aktuelle wissenschaftliche Kenntnisstand zuläßt und können folgern, daß das Areal V4 offensichtlich der eigentliche Farbgenerator in unseren Gehirnen ist. Eine Aussage darüber, wie die Farbeindrücke letztlich wirklich entstehen, können wir jedoch noch nicht treffen. Denn auch V4 ist in das übergreifende Netzwerk aller Hirnteile eingebunden. Dazu zählen der Hippocampus, der große Bedeutung für die Speicherung von Gedächtnisspuren besitzt, das Limbische System und die Amygdala, welche uns die Emotionen bescheren, und eine Anzahl weiterer Bereiche der Großhirnrinde, deren genaue Aufgaben noch unerforscht sind. Auf sie alle wirkt V4 und sie wirken wiederum auf V4 zurück, wodurch die dort generierten Farben mit Erinnerungen, Assoziationen, Gerüchen, Geschmäckern und Geräuschen, kurz allen anderen Sinneseindrücken verbunden werden. Diese Verschmelzung ist es, die letztlich den fertigen Eindruck ausmacht, welcher wiederum eine für jeden unterschiedlich bedeutsame Welt erschafft.

Unabhängig von allen noch offenen Fragen ist jedoch eins klar geworden: Die Vorstellung von allein stehenden Farben, die wir nur auffassen, ist falsch. Die Objekte besitzen diese nicht wirklich selbst, sie existieren nicht unabhängig von unserem Wahrnehmungsapparat, sondern erst unser Gehirn konstruiert sie in einer komplizierten Verarbeitung aus den kombinierten Reizmustern der drei Zapfen-Rezeptorarten in der Retina, die durch die einfallenden Wellenlängenmuster aktiviert werden.

Rot ist besser als Blau – Unsere Vorliebe für warme Farben

Einige Aspekte der Farbwahrnehmung haben es bereits angedeutet: Unser visuelles System bevorzugt auf unterschiedliche Weise das langwellige Ende des Spektrums und die dort verorteten wärmeren Farben. Dies wird am stärksten deutlich in der großen Anzahl der M- und L-Zapfen und ihren dicht beieinander im mittel- bis langwelligen Bereich liegenden Empfindlichkeitsgipfeln, in der hohen Detailauflösung der Fovea centralis, die ausschließlich auf Informationen von M- und L-Zapfen beruht und nicht zuletzt auch an der großen Bedeutung, die wir den „angenehm warmen" Farbtönen emotional beimessen. Manche Biologen sehen den Grund für diese Bevorzugung in der gesteigerten Unterscheidungsfähigkeit zwischen den zumeist roten Früchten, die unseren Ahnen lange als Nahrung dienten, und der grünen Umgebung des Dschungels. Da sich unsere Vorfahren aber schon immer von mehr als Obst und Beeren ernährt haben und anderen erfolgreichen Wirbeltierarten diese Präferenz fehlt, dürfen wir mit einigem Recht vermuten, daß es einen anderen Hintergrund dafür gibt. Ein kurzer Ausflug in die Optik weist uns den Weg.

Mit der **chromatischen Aberration** (Abb. 4-19) stellt sich nämlich ein gewichtiges optisches Problem, wenn ein großes Auge eine Empfindlichkeit für einen weiten Bereich des Spektrums entwickelt. Bei diesem Begriff werden die Objektiv-Experten hellhörig, was? Denn richtig, dasselbe Problem stellt sich auch den Konstrukteuren von Photo-Optiken. Wenn Licht durch eine Linse tritt, wird der kurzwellige blaue Anteil stärker gebrochen als der langwellige rote, so daß das „blaue Abbild" in einem Punkt vor dem „roten Abbild" fokussiert. Unkorrigiert würde das Bild überlappende Farbränder zeigen, die vor allem die Kanten zwischen hellen und dunklen Flächen verwischen, Auflösung und Schärfe wären stark beeinträchtigt. Die Kollegen Ingenieure beugen diesem Abbil-

Die Wahrnehmung von Helligkeit und Farbe

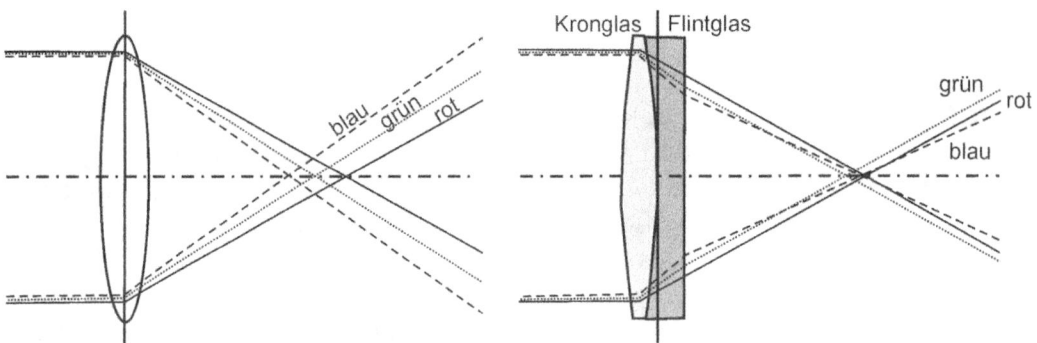

Abb. 4-19: Geometrie der chromatischen Aberration

dungsfehler mit mehr oder weniger komplexen Linsenkonstruktionen vor, deren einfachste aus einem konkaven (nach innen gewölbt) und einem konvexen (nach außen gewölbt) Doppel besteht. Die Linsen unserer Augen sind konvex. Um ihnen den beschrieben Farbfehler abzugewöhnen (sie also *achromatisch* zu machen), müsste ihre Brennweite länger sein, als es der Augendurchmesser zulässt. Biologisch ist dieser Weg aufwendig und damit wenig ökonomisch. Der längere, mehr gelb-rote, Bereich des Spektrums muss unter den gegebenen Voraussetzungen aber weit weniger stark gebrochen werden, um ein scharfes Bild zu liefern und verlangt damit nach einer weniger perfekten Optik.

Die Evolution löste das optische Problem, welches die Farbfähigkeit unseres Sehsystems mit sich brachte, demzufolge nicht mit einer komplizierteren Augenkonstruktion, sondern mit verschiedenen Anpassungen der beteiligten Funktionseinheiten, die alle ein Ziel haben: den nachteiligen Effekt der kürzeren Wellenlängen auf die Abbildungsqualität zu mindern und die Kantenschärfe zu erhöhen. Bestandteil dieses Maßnahmen-Korbs sind die Abmessungen des Auges, die in allen Bereichen darauf abgestimmt sind das beste Bild im mittel- bis langwelligen Bereich zu entwerfen. Ein wenig weiter innen filtern die leichte Gelbfärbung der Linse und der dünne, ebenfalls gelbe, Pigmentschleier über der Fovea centralis den kürzeren Teil des Spektrums effektiv aus. Auf der Ebene der Photorezeptoren sorgt die Anordnung der Pigmentscheiben in ihrem Innern dafür, daß diese so wenig wie möglich auf von der Seite einfallendes Licht reagieren. - Am stärksten zur Seite gestreut werden die kürzeren, blauen Anteile. Die exklusive Bestückung der Fovea centralis mit für den mittel- und langwelligen Bereich empfindlichen Rezeptoren (andersherum die Verbannung von kurzwelligen S-Rezeptoren aus derselben) sorgt für garantierte Schärfe, wo diese am dringendsten gebraucht wird. Und das gleichzeitige Zusammenrücken der Empfindlichkeitsmaxima dieser Sinneszellen minimiert den Farbkontrast. Tiefer in der Retina sorgt die Abkopplung der Helligkeits- von der Farbinformation, wie sie die Verarbeitung in den Gegenfarbenzellen besorgt, dafür, daß die Farbe einen möglichst geringen Einfluss auf die Qualität des Bildes hat. Diese Anpassungen ermöglichen der Fovea sowohl in kontrastarmen als auch kontrastreichen Situationen eine erstaunliche Effektivität in der Unterscheidung von Kanten und Grenzflächen. Und ohne sie wären Sie heute kaum in der Lage jene enorme Mustererkennung zu leisten, die nötig ist, um die Buchstaben auf diesen Seiten zu lesen.

Noch nicht beantwortet – Die Frage nach dem Warum

Bleibt die Frage zu klären, warum wir Farben wahrnehmen bzw. welchen evolutionären Sinn das Farbensehen besitzt. Wissenschaftlich ist dies noch immer sehr umstritten. Ein häufig vertretener Erklärungsansatz geht davon aus, daß Farbe eine Empfindung ist, die es uns ermöglicht, zwischen zwei strukturlosen Flächen gleicher Helligkeit zu unterscheiden. Solche Flächen bezeichnet man als isoluminant. Dazu ist kritisch anzumerken, daß uns a) Flächen mit solchen rein spektralen Unterschieden in freier Wildbahn nur sehr selten begegnen und b) ihre Unterscheidung eine wirklich schwierige Aufgabe für das visuelle System darstellt (Shapley 1990). Daher gehen die meisten Forscher inzwischen nicht mehr davon aus, daß dieser Ansatz zum Kern der Sache vorstößt.

Dies ist mit hoher Wahrscheinlichkeit bei einer anderen Eigenschaft der Gegenstände um uns herum gegeben. In Abb. 4-20 unterscheiden sich die einzelnen Blüten voneinander bzw. von dem umgebenden Gras nur durch die Helligkeitswerte. Diese liegen zum Teil eng beieinander und deshalb

Die Wahrnehmung von Helligkeit und Farbe

Abb. 4-20: Blätter und Blüten schwarzweiß

ist es auf einen schnellen Blick schwer, die einzelnen Objekte voneinander zu unterscheiden. In Abb. 4-21, die zusätzlich zu den Helligkeitswerten auch die Farbinformationen enthält, ist das anders. Hier gelingt die zuvor mühsame Differenzierung spielend leicht. Da unsere Überlebensfähigkeit die längste Zeit unserer Entwicklung über davon abhing, ob wir Freund oder Feind, gute oder schlechte Nahrung schnell auseinanderhalten konnten, dürfen wir daraus folgern, daß unsere Fähigkeit, einzelne Wellenlängenbereiche zu differenzieren (auf der unser Farbensehen basiert), vordringlich der schnellen und effizienten Objekterkennung und Segmentierung einer visuellen Szene dient (Gegenfurtner, Rieger 2000). Diese Präferenz finden wir zudem in den Eigenschaften der Wo- und Was-Kanäle wieder: **Der Was-Kanal ist unterteilt in ein Formsystem, das Helligkeits- und Farbinformationen nutzt, um die Formen der Objekte zu erkennen, und ein Farbsystem, welches die Oberflächenfarben beschreibt.** Der Formkanal weist die höchste Auflösung aller Subsysteme auf, der Farbkanal die geringste und da Farbe nur der Objektklassifizierung dient, ergibt das perfekten Sinn.

Abb. 4-21: Blätter und Blüten farbig

Mit nur einem Zapfenrezeptortyp können wir visuelle Eindrücke nur auf der Basis ihrer Helligkeit einordnen. Mit zwei unterschiedlichen Rezeptortypen sind wir dagegen in der Lage, visuelle Eindrücke auf der

Basis ihrer Helligkeit *und* spektralen Zusammensetzung zu unterscheiden. Im Vergleich zum normalen Spektrum würde allerdings jeweils ein bestimmter Bereich fehlen. Ohne die L-Zapfen oder M-Zapfen fehlt der langwellige rote und der mittelwellige grüngelbe Bereich. Ohne die K-Zapfen müssten wir auf den kurzwelligen violettblauen Teil verzichten. Nur mit zwei so ideal aufeinander abgestimmten Rezeptoren, wie sie Abb. 4-22 zeigt, könnten wir jenes Spektrum wahrnehmen, das uns heute unsere drei K-, M- und L-Zapfen erschließen. Denn in diesem Fall wäre jede Wellenlängenmischung durch ein eindeutiges Aktivitäts-Verhältnis der beiden Rezeptoren kodiert. – Die Diagonale beweist diese tatsächliche Unzweideutigkeit für jeden Punkt innerhalb des sichtbaren Spektrums.

Dass wir heute drei Zapfentypen brauchen, um den Bereich zwischen 380 nm und 700 nm abzudecken zeigt, daß die Evolution zwar gut, aber nicht perfekt arbeitet. Die ersten Säugetiere waren recht klein und lebten vor Urzeiten unauffällig zwischen den riesigen Dinosauriern. Als Warmblüter hatten sie den wechselwarmen Echsen gegenüber einen entscheidenden Vorteil: Sie konnten auch in der Dämmerung und nachts aktiv sein, da sie nicht auf die wärmende Sonne angewiesen

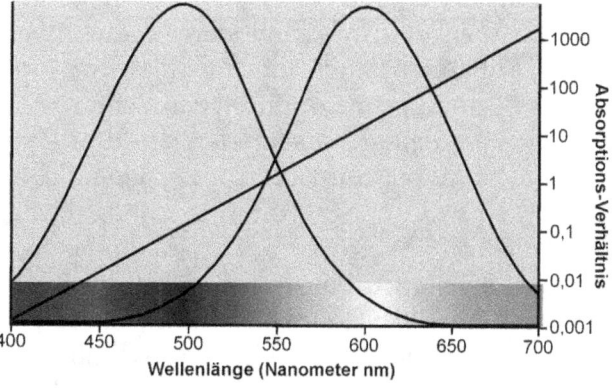

Abb. 4-22: Absorptions-Spektren zweier idealer Rezeptoren

waren. Sie besiedelten diese ökologische Nische und gingen erst vor etwa 65 Millionen Jahren zu einer tagaktiven Lebensweise über. Doch während ihres Lebens im Dämmerlicht verkümmerte ihr Farbsehvermögen, da sie es schlichtweg nicht benötigten. Daher besitzen die meisten heute auf der Erde lebenden Säuger nur zwei unterschiedlich empfindliche Zapfentypen: einen K-Zapfen und einen M-Zapfen. Aufgrund dessen bezeichnet man sie als **Dichromaten**. Unter den Säugern haben sich nur die Primaten der alten Welt (Eurasien und Afrika), aus denen der moderne Mensch hervor gegangen ist, und ein Teil der südamerikanischen Neuweltaffen im Laufe der Evolution zu **Trichromaten** entwickelt. Bei den Altweltaffen duplizierte sich das Gen der M-Zapfen und veränderte sich ein wenig, so daß das Erbgut ne-

Die Wahrnehmung von Helligkeit und Farbe

ben den Informationen für das Blau-Pigment auch die für einen rot- und einen grünempfindlichen Sehfarbstoff enthielt. So entstanden die drei Zapfentypen mit ihren unterschiedlichen Absorptionsmaxima. Unabhängig davon hat sich ein trichromatisches System auch bei manchen Neuweltaffen entwickelt. Ein Farbensehen, das mit dem der Altweltaffen vergleichbar ist, besitzt jedoch lediglich der Brüllaffe. Bei anderen Neuweltaffen sind hingegen allein die Weibchen Trichromaten, da ein Rot-Grün-Gen in verschiedenen Ausprägungen auf dem X-Chromosom liegt. Da aber nur weibliche Tiere zwei X-Chromosomen besitzen, können auch nur sie die Informationen für zwei unterschiedliche Sehpigmente besitzen und dadurch Rot und Grün voneinander unterscheiden. Die Männchen sind dagegen immer rot-grün-blind. Der Grund für diese Entwicklung mag folgender gewesen sein: Affen, die in der Lage sind Rot und Grün voneinander zu unterscheiden, können reife, rote Früchte leichter im grünen Blattwerk finden und sicherer junge, leicht verdauliche Blätter, von älteren, zäheren, unterscheiden, da diese nährstoffreichen Blätter eine leichte Rotfärbung aufweisen. Dies sind gewichtige Vorteile und so konnte sich die **Tetrachromasie** wohl schnell durchsetzen. Die meisten Reptilien und Vögel machten im Gegensatz zu den Säugetieren keine nachtaktive Phase durch. So konnten sie ihre Farbfähigkeiten kontinuierlich ausbauen und sich in den vergangenen Jahrmillionen zu wahren Farbsehexperten entwickeln. Unter ihnen sind heute zahlreiche Tetrachromaten anzutreffen, die dank vier unterschiedlicher Rezeptortypen ein deutlich feineres Farbunterscheidungsvermögen besitzen als der Mensch.

Zusammenfassend können wir festhalten, daß Farbe zutreffend als eine Empfindung definiert wird, die es uns erlaubt, Objekte leicht voneinander zu unterscheiden, die auf Grund ihrer Helligkeitsverteilung nur schwer unterscheidbar sind. Farbwahrnehmung ist also kein Selbstzweck und hat sich nicht entwickelt, damit die Welt für uns schöner wird. Dennoch wissen wir nicht und werden vielleicht nie erfahren, warum wir einen visuellen Reiz von 530 nm Wellenlänge als grün und einen von 670 nm als rot wahrnehmen.

5 Kontrastwahrnehmung

Inhalt

Warum Kontrast für unsere Visualität entscheidend ist
Der Dynamikbereich des visuellen Systems
    Der Antwortbereich der Fotorezeptoren
    Die Hell-/Dunkel-Adaptation
    Laterale Hemmung
    Dynamische Verstärkung
    Pupillengröße
Die Mindestgröße der Helligkeitsunterschiede
Die Anzahl der wahrnehmbaren Tonwert

Kontrastwahrnehmung

Warum Kontrast für unsere Visualität entscheidend ist

Das visuelle System konstruiert und organisiert unsere Welt und die Objekte darin anhand der Kanten und Grenzflächen zwischen den Dingen: Die Gegenstände einer Szene werden nicht vollständig erfasst, sondern anhand der wahrgenommenen Kanten einzeln konstruiert. Dies hat der erste Band dieser Reihe zur visuellen Bildenstehung ausführlich deutlich gemacht. Dieser Prozess ist aufwendig und in seinem genauen Ablauf unter den Wissenschaftlern noch umstritten.

Ohne die Registrierung der Objektgrenzen könnte keine visuelle Wahrnehmung entstehen. Dass das stimmt, ist praktisch bereits mit dem folgenden Versuch simuliert worden. Stellen Sie sich zum Beispiel ein rotes Quadrat vor in dessen Mitte sich ein kleineres, grünes Quadrat befindet. Wenn Sie die Grenze zwischen beiden Flächen künstlich auf ihrer Retina stabilisieren, verlieren Sie zunächst die Wahrnehmung des grünen Quadrats und es bleibt nur die rote Fläche des Hintergrunds übrig. Nach ungefähr einer Sekunde ohne jede Bewegung relativ zur Retina löst sich dann auch dieser Eindruck auf und sie sehen nichts mehr. Das ist der Fall, weil uns die Photorezeptoren nur Potentialunterschiede, nicht aber absolute Potentialniveaus melden, was ebenfalls der Effizienzsteigerung dient. Damit uns die Wahrnehmung nicht verloren geht, wenn der Blick längere Zeit auf einem Punkt verweilt, führen die Augen mehrmals pro Sekunde unbewußte und in der Richtung zufällige Bewegungen aus, sogenannte **Mikrosakkaden**.

Die Antwort darauf, warum unser visuelles System die Objekte anhand der Grenzflächen zwischen Bereichen unterschiedlicher Farbe und Helligkeit strukturiert und unterscheidet, ist einfach: Wirtschaftlichkeit, Effektivität und geringer Energieverbrauch. Es ist sehr sinnvoll, weil ökonomisch, daß das visuelle System die Objekte anhand der Unterbrechungen der Lichtmuster verarbeitet, denn so braucht es nur jene Bildteile zu codieren, an denen sich etwas verändert und nicht etwas das Bild als Ganzes. Kanten und Grenzflächen sind die einzig wichtigen Informationen, die der Apparat in unseren Köpfen braucht, um die Formen, die Gestalten der Dinge in unserer Umwelt zu konstruieren. Es ist unnötig, Helligkeit und Farbe an jedem einzelnen Punkt eines beispielsweise durchgehend roten Gegenstands zu definieren. Statt dessen reicht es völlig aus dies überall dort zu tun, wo sich etwas ändert. Und das ist eben an einer Kante oder Grenzfläche der Fall. Auf diese Weise reduziert sich die zu übertragende und zu verarbeitende Informationsmenge erheblich. Diese Zusammenhänge beleuchtet der Abschnitt „Zweiter Schritt – Beginn der Informationsverarbeitung" (S. 20 ff) ausführlich.

Angesichts dieser Zielsetzung ist es natürlich wichtig für uns, den Kontrast an einer Objektkante über einen möglichst weiten Helligkeitsbereich hinweg unterscheiden zu können. Wie groß das Kontrastvermögen des visuellen Systems ist und mit welchen Mitteln es den Dynamikbereich überbrückt, darum geht es in diesem Kapitel.

Der Dynamikbereich des visuellen Systems

Vom sternenlosen Nachthimmel mit einer Lichtstärke von $4*10^{-6}$ cd/m² (=0,000004 cd/m²) bis zur im Zenit stehenden Sonne, die eine Lichtstärke von $3,2*10^6$ cd/m² (= 320 000 000 cd/m²) besitzt, ergibt sich der gewaltige Wert von 12 $\log_{10}$ Einheiten, in dem unser visuelles System arbeitet. Eine $\log_{10}$ Einheit umfasst rund 3 Belichtungsstufen, also sind dies gute 36 Belichtungsstufen.

Die Lichtstärkenangaben sind etwas abstrakt, was? Um es nachvollziehbarer zu machen: Der Vollmond erzeugt auf einem Stück Papier beispielsweise eine Leuchtdichte von 0,0001 cd/m². Die Grenze zum normalen Farbensehen liegt bei einer Leuchtdichte von circa 0,01 cd/m². Bequem lesen können wir in der Regel ab einer Leuchtdichte von 1 cd/m² und ein unbedeckter Tageshimmel erzeugt eine Leuchtdichte von ungefähr 1 000 000 cd/m². Diese Werte sind der pure Wahnsinn, wenn wir an unsere analogen und digitalen Aufnahmematerialien denken. Umkehrfilm kann in der Projektion einen im Gegensatz dazu bescheidenen Kontrastumfang von 1:64 oder sechs Belichtungsstufen wiedergeben, Negativmaterial beherrscht gute zehn Stufen und die digitale Technik hat nun gute 12 Belichtungsstufen erreicht. Es ist also kein Wunder, daß wir so oft von unseren Bildergebnissen enttäuscht sind und einen zu hellen Himmel mit dem Grauverlauffilter zurückhalten müssen, um die Details des schon im Schatten liegenden Vordergrundes zu erhalten.

Das visuelle System erreicht dieses große Maß durch die Kombination mehrerer unterschiedlicher Faktoren. Die Signalisierung eines bestimmten

Kontrastwahrnehmung

Kontrastumfangs durch die Photorezeptoren ist einer davon. Die Fähigkeit des visuellen Systems seine Empfindlichkeit auf unterschiedlichen Ebenen anzupassen ein Anderer.

Der Antwortbereich der Photorezeptoren

Auf der untersten Ebene sind die Photorezeptoren für die Wahrnehmung der Helligkeiten und Helligkeitsunterschiede verantwortlich. Um ihre Reaktion auf einen Helligkeitsreiz darzustellen, nutzen wir die Charakteristik-Kurve. Sie stellt den auf der x-Achse in $\log_{10}$ Einheiten abgetragenen Reizhelligkeiten die linearen Rezeptorantworten auf der y-Achse gegenüber. Letztere geben den Anteil zwischen minimalem- und maximalem Ansprechwert an. Um eine Charakteristik-Kurve für die Photorezeptoren zu erstellen, bediente sich die Wissenschaft des Tierversuchs. *In vivo*, also an einer intakten Retina, ermittelt, ergibt sich eine Kurve wie in Abb. 5-1.

An ihr fällt zuerst die S-Form auf, die sie mathematisch als **Sigmoidfunktion** ausweist und die uns Photographen von den Tonwertkurven unserer Bildträger her sehr vertraut ist. Hier geht sie auf die nichtlineare synaptische Übertragung zurück: Die Ausschüttung des Transmitters an der Synapse (der Kon-

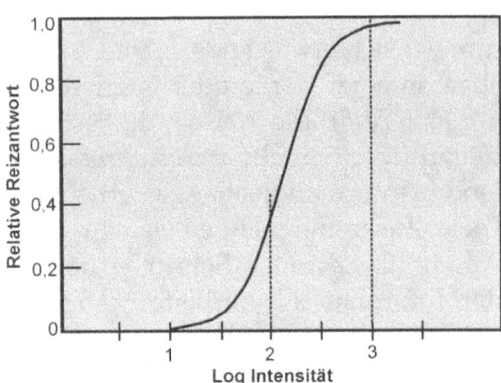

Abb. 5-1: Charakteristik-Kurve der Zapfenrezeptoren

taktstellen zwischen den Nervenzellen und anderen Zellen) folgt der Depolarisation des Rezeptors (quasi dem vorsynaptischen Potential) in exponentieller Weise. Ein Depolarisationswert von beispielsweise 1,50 mV produziert auf der anderen Seite der Synapse einen um den Exponenten e höheren Leitwert ($1{,}50^e$). Diese Art der Verarbeitung minimiert den Rauschpegel und hat den angenehmen Nebeneffekt, daß ein weicher, kaum spürbarer Übergang zu den beiden Enden des Dynamikbereichs einsetzt. Beides, weicher Übergang, um Tonwertabrisse zu vermeiden und Rauschminderung werden uns sowohl im analogen als auch im digitalen Kontrastverhalten wiederbegegnen. Weiter ist an der Kurve abzulesen, daß die Rezeptoren Helligkeiten im Bereich von 3 $\log_{10}$ Einheiten retinaler Beleuchtungsstärke (Troland) verarbei-

Der Dynamikbereich des visuellen Systems
Der Antwortbereich der Photorezeptoren

ten, was einem Kontrastverhältnis von 1000:1 entspricht (= 8,5 Belichtungsstufen) und daß die Helligkeitsunterschiede in einem Bereich von 1 $\log_{10}$ Einheit (entspricht einem Kontrastverhältnis von 10:1 oder 3,3 Belichtungsstufen [Log 2 = 0,3, 10/0,3 = 3,3]) linear umgesetzt und über bzw. unter diesem Bereich komprimiert werden. In diesem linearen Bereich ist die Unterscheidungsfähigkeit am besten ausgeprägt. Die hohe Steigung der Kurve (ihr Gammawert) in diesem linearen Bereich sagt, daß der Kontrast erhöht wird. Die wahrgenommenen Helligkeitsunterschiede sind also größer als die tatsächlichen Intensitätsunterschiede.

Diese Zahlen spiegeln die perfekte Anpassung des visuellen Systems an unsere Lebensumgebung wider, denn die meisten voll beleuchteten Objektoberflächen (mit Ausnahme von Glanzlichtern, Reflexionen oder den Lichtquellen selbst) besitzen ein Kontrastverhältnis von nur 20:1 bis 80:1. Schattenpartien können die Oberflächenhelligkeiten um rund 1 $\log_{10}$ Einheit reduzieren und setzen die Anforderung so auf 200:1 hoch.

Die Hell-/Dunkel-Adaptation

Aber unsere Augen verfügen über nicht nur eine Art Photorezeptoren, sondern zwei und einer ihrer spannendsten Eigenschaften ist die unterschiedlichen Empfindlichkeiten. In der Analogie zur Photographie weist die Retina zwei Filmarten auf: einem empfindlichen SW-Film (die Stäbchenrezeptoren) und einem weniger empfindlichen Farbfilm (die Zapfenrezeptoren). Die unterschiedlichen Empfindlichkeiten haben beide dem ihnen jeweils innewohnenden Pigment zu verdanken. Das Rhodopsin in den Stäbchen zerfällt schon bei geringen Lichtstärken, das Iodopsin der Zapfen braucht dazu mehr Energie. Aus diesem Grund sind die Stäbchenzellen vor allem bei geringer Beleuchtungsstärke aktiv. Am Abend und in der Nacht zum Beispiel. Die Zapfenzellen arbeiten dagegen fast nur am Tag und ermöglichen uns das Sehen bei hellem Licht. Die Empfindlichkeitsanpassung des Stäbchen- und Zapfenapparats an veränderte Helligkeiten nennen wir Hell- bzw. Dunkel-Adaptation. Beide sind der Rhodopsin-Regeneration und damit verbundenen chemischen Prozessen zu verdanken. Innerhalb der Adaptation können wir drei Hauptzustände unterscheiden:

Das **skotopische Sehen** (Nachtsehen), für das bei Leuchtdichten zwischen $3*10^{-6}$ cd/m² und $3*10^{-2}$ cd/m² (=0,000003 bis 0,03 cd/m²) die Stäbchenrezeptoren zuständig sind (4 $\log_{10}$ Einheiten)

Kontrastwahrnehmung

Das den Übergang zwischen den beiden Hauptadaptationsstufen markierende **mesopische Sehen** (Dämmerungssehen) bei Leuchtdichten zwischen $3*10^{-2}$ cd/m² bzw. $3*10^{0}$ cd/m² bis $3*10^{1}$ cd/m² (=0,03 bzw. 3 cd/m² bis 30 cd/m²), bei dem sowohl Zapfen als auch Stäbchen aktiv sind (je 1 $\log_{10}$ Einheit für Stäbchen und Zapfen)

Das **photopische Sehen** (Tagessehen), das die Zapfenrezeptoren bei Leuchtdichten zwischen $3*10^{0}/3*10^{1}$ und $3*10^{6}$ cd/m² (= 3/30 cd/m² bis 3 000 000 cd/m²) leisten (6 $\log_{10}$ Einheiten). Die angegebenen Grenzen sind fließend und individuell verschieden.

Mit dem Übergang vom photopischen Stäbchensehen zum skotopischen Zapfensehen stellen wir also einen großen Adaptationssprung fest, durch die Empfindlichkeitsanpassung der Rezeptoren innerhalb dieser beiden Stufen viele zusätzliche kleine. Den ersten Fall können wir uns etwa wie folgt vorstellen: Nehmen wir an, Sie begeben sich aus der strahlenden Helligkeit eines Sommertags in Ihren dunklen Keller. Vielleicht wollen Sie Ihr Fahrrad holen, um ins Freibad zu fahren. Im ersten Moment ist es zu dunkel, als das Sie irgendwas erkennen könnten und Sie stoßen sich wahrscheinlich an einem herumstehenden Möbelstück. Nach und nach aber findet die Empfindlichkeitsanpassung an die veränderte Allgemeinhelligkeit statt und Sie sehen zuerst Einzelheiten, später dann immer mehr allerdings farblose Details in der dunklen Umgebung. Ein eigentlich schwacher Lichtreiz, wie der rot glimmende Not-Aus-Schalter neben der Tür zum Heizungskeller, wird Ihnen während dieser Adaptationsphase nach und nach immer heller erscheinen.

Auf der Ebene der Rezeptoren geschieht dabei folgendes: Im allerersten Moment der Dunkelheit sehen Sie gar nichts, weil die zuvor wirkende Belichtung die Empfindlichkeit von Stäbchen und Zapfen weit herabgesetzt hat. Nach dieser „Schrecksekunde" nutzen beide Rezeptorarten die Gunst der Stunde, um ihr Pigment zu regenerieren. Bei den Zapfen geht dies am schnellsten

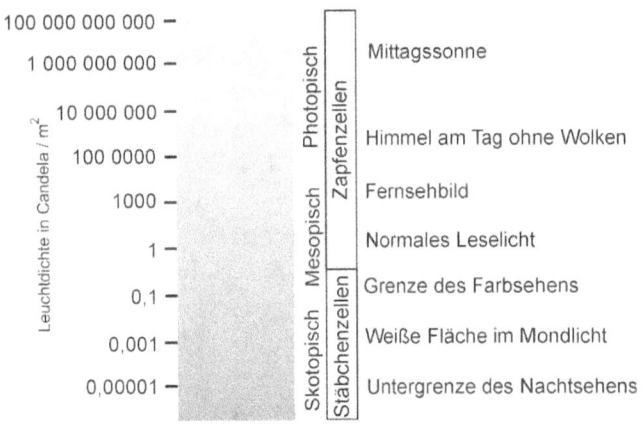

Abb. 5-2: Vergleich verschiedener Leuchtdichtewerte

Der Dynamikbereich des visuellen Systems
Die Hell-/Dunkel-Adaptation

und ihre leicht gesteigerte Empfindlichkeit bringt die zunächst schemenhaften Umrisse hervor. Nach fünf bis zehn Minuten, wenn die Zapfen ihre Empfindlichkeit nicht weiter erhöhen können, haben sich die Stäbchen so weit regeneriert, daß sie beginnen ihren Teil beizusteuern. In dem Maß, in dem sie adaptieren, wird unsere Wahrnehmung nun von ihren Eigenschaften bestimmt, so daß wir mit der Zeit immer mehr Einzelheiten erkennen können, diese aber nahezu farblos bleiben.

Begeben Sie sich nach einiger Zeit wieder nach draußen, wird Sie die große Helligkeit zunächst für einen Moment blenden. In dieser kurzen Zeitspanne wird der Großteil des Rhodopsin-Vorrats der Stäbchen gebleicht und kann, solange die photopischen Bedingungen andauern, nur unvollständig regeneriert werden. Sie sind quasi gesättigt und ohne Pigment, das zerfallen kann, und so geben die Rezeptoren natürlich auch kein Signal ab. Doch nun ist wieder genug Licht vorhanden, um die Zapfen in Aktion zu setzen, die uns mit den für die Wahrnehmung von Farben nötigen Informationen versorgen.

Der zweite Fall, die Adaptation innerhalb einer der beiden Hauptzustände, findet statt, wenn die Umgebungshelligkeit nicht ins völlige Gegenteil umschlägt, trotzdem aber spürbar wechselt. Dies ist beispielsweise der Fall, wenn wir aus dem hellen Tageslicht in den Schattenbereich eines großen Baums treten. Proportional zur Helligkeitsänderung kann nun Pigment regeneriert werden, so daß die Lichtempfindlichkeit der Rezeptoren ansteigt.

Um die Empfindlichkeit der Rezeptoren innerhalb der Adaptationszustände anzugeben, können wir die Helligkeit eines gerade wahrnehmbaren Lichtreizes vermessen und als Kurve über der Zeitachse einzeichnen. Das daraus resultierende Diagramm wird als **Adaptationskurve** bezeichnet (Abb. 5-3). Seine vertikale Achse gibt die Helligkeit des Lichtreizes an. Da die Spanne unserer Empfindlichkeit sehr groß ist, benutzen wir hier eine logarithmische Skala. Werte am oberen Ende stehen für große Reiz-Helligkeiten und bedeuten, daß unsere Empfindlichkeit gering ist. Solche am unteren Ende repräsentieren geringe Helligkeiten, aber umgekehrt große Empfindlichkeit. Die horizontale Achse gibt die Zeit in der Dunkelheit in Minuten an. Von links nach rechts gelesen sagt uns die Abbildung, daß, wenn wir uns just vom Hellen ins Dunkle begeben haben, ein starker Helligkeitsreiz nötig ist, um wahrgenommen zu werden. Während der folgenden Minuten steigern die

Kontrastwahrnehmung

Rezeptoren ihre Empfindlichkeit und die Helligkeitsschwelle zur Wahrnehmung sinkt zunächst sehr schnell und dann langsamer. In dieser Phase, während der ersten fünf bis zehn Minuten, können wir durchaus noch die Farbe des aufgefassten Lichtreizes angeben und das ist ein sicheres Zeichen dafür, daß unsere Zapfenzellen noch aktiv sind. Dann ändert die Kurve ein wenig ihre Richtung und die Empfindlichkeit steigt wiederum sprunghaft an. Nach diesem markanten Punkt (dem sogenannten **Kohlrausch-Knick**) sind zwar nur noch schwächere Lichtreize nötig, um wahrgenommen zu werden, aber wir können deren Farbe nicht mehr auffassen, denn jetzt hat das System auf die Stäbchen umgeschaltet. Die Kurve fällt dann immer weiter ab bis sie nach rund 30 Minuten den Boden erreicht hat und nur noch gerade verläuft. Nach dieser langen Zeit in der Dunkelheit sind wir fähig einen so schwachen Lichtreiz zu entdecken, wie er einer einzelnen Kerze aus 16 km Entfernung entspricht!

Das flexible System der Adaptation stellt sicher, daß unsere Augen immer mit der richtigen Empfindlichkeit arbeiten, so wie wir in der Photographie auch die Filmempfindlichkeit an die Umgebungshelligkeit anpassen. Und genau wie dort tauschen wir auch in unserer visuellen Wahrnehmung Auflösung und Detailschärfe gegen Empfindlichkeit, denn wie der vorangegangene Abschnitt gezeigt hat, besitzt der Ort des schärfsten Sehens (die Fovea centralis) keine Stäbchenrezeptoren und darüber hinaus nimmt ihre Dichte zu den Rändern der Retina hin ab. Zudem lässt das visuelle System beim skotopischen Sehen die Farbe „hinten 'runter fallen". Dieses Opfer müssen wir in der Aufnahmetechnik heute nicht mehr so wie früher bringen, als die höchstempfindlichsten Filme immer schwarzweiß waren.

Aber der Wechsel vom skotopischen zum photopischen Sehen (von den

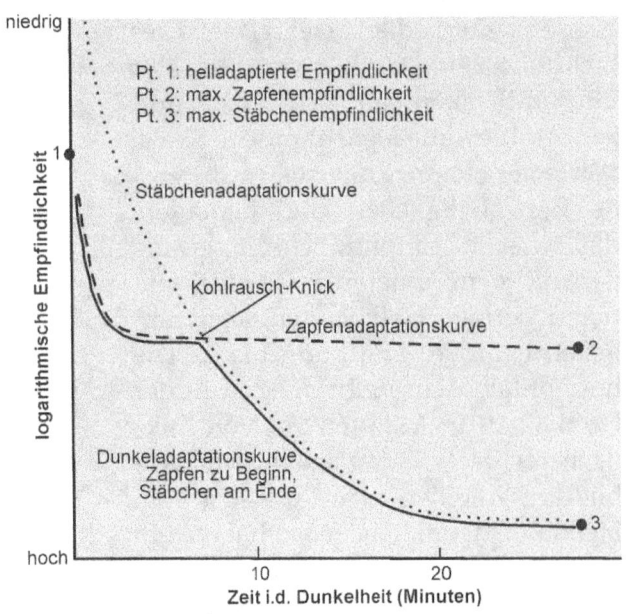

Abb. 5-3: Adaptationszustände

Stäbchen zu den Zapfen) hat noch eine andere Konsequenz als die reine Absenkung oder Anhebung der generellen Empfindlichkeit und wir haben sie oben bereits ansatzweise erwähnt. Abb. 5-4 zeigt, daß beide, Stäbchen und Zapfen, für verschiedene Wellenlängenbereiche des Spektrums unterschiedlich empfindlich sind. Die Stäbchen reagieren am besten auf den kurzwelligen blauen Bereich, die Zapfen dagegen auf den eher langwelligen roten. Sehen wir also unter photopischen Bedingungen mit den Zapfen, wird uns ein rotes Objekt heller erscheinen als ein objektiv gleich helles blaues. Unter skotopischen Bedingungen verhält sich dies genau umgekehrt. Diesen Wechsel in der wahrgenommenen Helligkeit unterschiedlicher Farben wird nach seinem Entdecker **Purkinje-Phänomen** bzw. **Purkinje-Shift** genannt (Abb. 5-5.

Die laterale Hemmung

Ein Anpassungsmechanismus, der wiederum auf der Ebene der einzelnen Rezeptoren wirkt, ist die **laterale** (seitliche) **Hemmung**. Ohne sie wäre der weite Dynamikbereich der Photorezeptoren nicht darstellbar. Abb. 5-6 illustriert die Funktionsweise. Alle Photorezeptoren sind über die Amakrin- und Horizontalzellen der

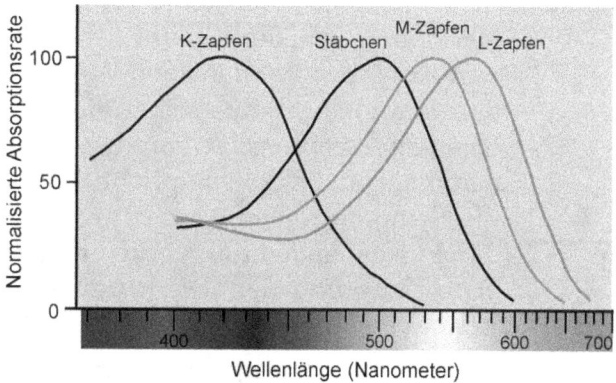

Abb. 5-4: Normalisierte Absorptions-Spektren der Stäbchen- und Zapfenzellen (1).

Retina rückgekoppelt und so in der Lage, sich gegenseitig in ihren Ausgabepotentialen zu beeinflussen. Wenn jeder Rezeptor durch seinen

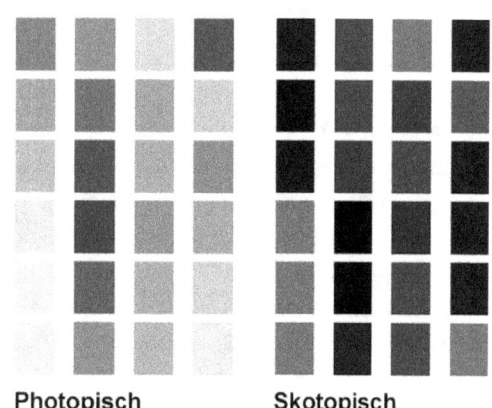

Abb. 5-5: Purkinje-Shift. Die Abbildung simuliert den Wechsel der wahrgenommenen Farbigkeit zwischen dem mesopischen Sehen links und dem skotopischen Sehen rechts.

Kontrastwahrnehmung

Nachbarn gehemmt wird, nimmt sein Ausgabepotential einen Wert an, der dem Logarithmus seiner eigenen Beleuchtungsintensität minus dem hemmenden Effekt entspricht. Weist die Hemmung einen Wert > 0 auf wird das Ausgabepotential geringer sein als es aufgrund der Beleuchtungsintensität eigentlich sein müsste und es ist mehr Licht erforderlich, um diese Reizgröße zu erreichen. Als Resultat erhalten wir einen größeren Abstand zwischen der geringsten und der größten Helligkeitsintensität, die der Rezeptor verarbeiten kann, und damit einen größeren Dynamikbereich. Diese Art der Verschaltung spielt eine eminent wichtige Rolle in der Funktion unseres visuellen Systems. Sie ist mit unterschiedlichen Verrechnungsweisen in verschiedenen digitalen Bildträgern implementiert worden und hat zu echten Steigerungen des Dynamikumfangs geführt (2).

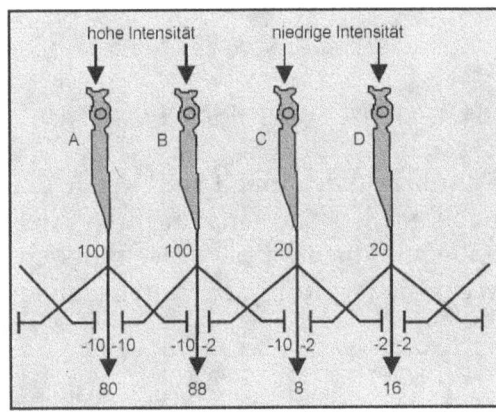

Abb. 5-6: Laterale Hemmung
Zapfenrezeptoren erregen primär die mit ihnen verbundene Horizontalzelle. Zugleich sind sie aber auch über Kreuz mit der Horizontalzelle des jeweils anderen Rezeptors verbunden und üben dort eine hemmende Wirkung aus. Nimmt nun die globale Beleuchtungsstärke und damit die primäre Erregung zu, so vergrößert sich auch die hemmende Wirkung und der Wechsel der Beleuchtung wird nahezu ignoriert. Erhält dagegen nur einer der Rezeptoren mehr Licht, so verstärkt sich sein erregendes Signal einseitig, die hemmende Wirkung des zweiten Rezeptors bleibt unverändert.

Übertragen auf die gesamte Netzhaut bedeutet dies, daß die Rezeptoren bei lokal unterschiedlichen Helligkeiten auch auf **lokal unterschiedliche Adaptationsniveaus** gehoben oder gesenkt werden. Demzufolge können wir eine große Anzahl einzelner Adaptationsstufen ausmachen, die dafür sorgen, daß der Dynamikbereich der Retina stets optimal an die Helligkeitsmuster einer Szene angepasst ist. Für die Photographie hieße dies wir hätten für die Schatten und die Lichter eines Motivs unterschiedlich empfindliche Bereiche innerhalb des zu belichtenden Bildträgers. Und wirklich gibt es unter anderem von *Fuji* Farbnegativfilme, die einen Mix aus hoch- und niedrigempfindlichen

Silberhalogenid-Kristallen in ihren Schichten vereinen und damit für einen gesteigerten Dynamikumfang und verbesserte Zeichnung in den Schatten sorgen. Diese Idee hat *Fuji* auch auf die Digitaltechnik übertragen und seine *Super-CCD SR Sensoren* mit zwei ebenfalls unterschiedlich empfindlichen Photodioden innerhalb eines Pixels ausgestattet. Weitere technische Umsetzungen dieses Zusammenhangs finden sich in (3) und (4).

Dynamische Verstärkung

Ein weiterer mitspielender Mechanismus ist noch spekulativ. Er geht davon aus, daß die **Verstärkung der Ausgabegrößen jedes einzelnen Rezeptors in Abhängigkeit der Beleuchtungsintensität** direkt an der in Folge des Pigmentzerfalls einsetzenden Enyzmkaskade geregelt werden kann. In nicht zu den Säugetieren zählenden Wirbeltierarten, wie den Schildkröten, ist ein solcher auf Kalzium basierender Vorgang zumindest im äußeren Segment der Stäbchenrezeptoren nachgewiesen worden (5). Für uns Menschen bleibt dies zwar noch Spekulation, aber in der digitalen Aufnahmetechnik ist etwas ähnliches schon realisiert. Forscher vom *Fraunhofer-Institut für Mikroelektronische Schaltungen und Systeme* haben 1999 einen Sensorchip und ein digitales Kamerasystem entwickelt, die auch bei großen Helligkeitsdifferenzen gute Bilder liefern. Prinzip des Systems: Jedes Pixel wird zunächst mit bis zu vier verschiedenen Belichtungszeiten ausgelesen, aus denen dann die jeweils günstigste gewählt wird. Im zweiten Schritt folgt die je nach Signalwert unterschiedliche Verstärkung der Bildsignale bereits auf dem Chip. Niedrige Pegel, etwa die Schattenbereiche einer Aufnahme, werden angehoben, die aus der Lichterzone stammenden hohen Pegel bleiben dagegen unverändert. Im Zusammenhang sorgen beide Methoden dafür, daß eine Übersteuerung der Pixel bei zu großer Helligkeit weitgehend vermieden wird. Nach dem Auslesen der Bildsignale werden den digitalen Werten die vom Chip ausgewählte Verstärkung sowie die entsprechende Belichtungszeit hinzugefügt. Aus diesen Informationen ermittelt eine spezielle Software dann für jeden Pixel den richtigen Helligkeitswert. Das Komplettsystem gestattet die Darstellung von 1 Million unterschiedlichen Helligkeitswerten.

Pupillengröße

Schließlich muss noch die **Adaptation der Pupille** erwähnt werden. Die an beiden Augen parallel ablaufende Veränderung ihrer Größe dient bei Leuchtdichten zwischen

Kontrastwahrnehmung

10^2 und 10^3 cd/m² zur Regelung des Lichteintritts in das Auge. Allerdings kann sie die auf die Retina fallende Beleuchtungsstärke nur im Verhältnis 1:16 regulieren. Durch den Lichteinfall kontrahiert sich schlagartig die Irismuskulatur und läßt somit weniger Licht auf die Retina, um Blendung zu vermeiden. Bei Abdunklung erfolgt umgekehrt die Erweiterung der Pupille. Die Steuerung des Pupillenreflexes läuft unbewußt ab. Fällt sie aus, ist das ein deutlicher Hinweis auf einen ernsten Hirnschaden oder den Tod.

Betrachten wir also bei Tageslicht eine vor uns liegende Landschaft, die sowohl dunkle Schattenpartien als auch einen hellen Himmel mit Wolken beinhaltet, so fassen wir sie nicht „mit einen Blick" auf, sondern tasten sie durch die unwillkürlichen sakkadischen Augenbewegungen quasi ab. Wir blicken nacheinander in die Schatten, in die Mitten und in die Lichter und damit hat das visuelle System die Chance, seine Empfindlichkeit an die jeweilige durchschnittliche Helligkeit anzupassen. Mit dem Blick in den Himmel schliesst sich die Pupille und die laterale Hemmung wirkt stark. Schauen wir in die Schatten, so öffnet das Sehloch und die Hemmung fällt auf vielleicht 0. Mit jedem einzelnen Blick steht uns ein Maximalkontrast von 1000:1 zur Verfügung der sich durch die Kombination der Empfindlichkeitsanpassungen auf beispielsweise 1000000:1 erweitert. Denn das Gehirn baut den Gesamteindruck ja aus den Einzelbildern zusammen, ohne das wir davon groß etwas merken. Bewusst nehmen wir „ein Bild" wahr das von vorn bis hinten scharf ist und Zeichnung in den Lichtern und den Schatten besitzt. Ein bißchen können wir uns das vorstellen, als ob wir bei einer Digitalkamera die Art der Belichtungsmessung auf mittenbetont stellen und die unterschiedlich hellen Bereiche eines kontrastreichen Motivs „abtasten". Auf dem kleinen LCD-Schirm wäre dann ein je nach Blickrichtung helleres oder dunkleres Bild zu sehen.

Die Mindestgröße der Helligkeitsunterschiede

Nachdem wir nun wissen, welche Helligkeitsunterschiede das visuelle System verarbeiten kann, fehlt noch das Maß des notwendigen Unterschieds, damit überhaupt von Kontrast die Rede sein kann. Dieser ist experimentell ermittelt worden. Den Probanden wurde ein Umgebungsfeld mit der Helligkeit L_U gezeigt, das den Großteil ihres Sichtbereiches füllte, um ihren Adaptationszustand zu fixieren. Mittig darin befanden sich zwei aneinandergrenze Bereiche, deren Helligkeiten sich leicht voneinander unterschieden (L und $L+\Delta L$). Präsentiert wurden dann viele Kombinationen zwischen L_U, L und ΔL, wobei die Probanden angeben mussten, ob sie ΔL von L unterscheiden konnten. In einem Koordinatensystem abgetragen, ergab sich daraus die Kurve in Abb. 5-7. An der Y-Achse sehen wir den Logarithmus des Verhältnisses aus ΔL zu L, an der X-Achse den Logarithmus der Umgebungshelligkeit L_U. Ihr können wir entnehmen, daß die Kontrastunterscheidungsfähigkeit im Bereich zwischen 0 und +2,5 log Millilambert (die Einheit Lambert – la – ist ein Maß für die Leuchtdichte und 1 la entspricht ungefähr der Helligkeit eines mittleren Grautons an einem sonnigen leicht bedeckten Tag) beinahe konstant 1 % beträgt. In diesem 2,5 Dekaden umfassenden Bereich muss ΔL also 1 % größer sein als L und das bedeutet, daß unsere Unterscheidungsfähigkeit für zwei annähernd gleichhelle Bereich nahezu logarithmisch ist. Der 1 % Wert gilt für ideale Beleuchtungs- und Sichtbedingungen, wie sie bestenfalls im Labor herrschen. Unter praxisnahen durchschnittlichen Bedingungen dürfen wir eine Unterschiedsschwelle von rund 2 % annehmen.

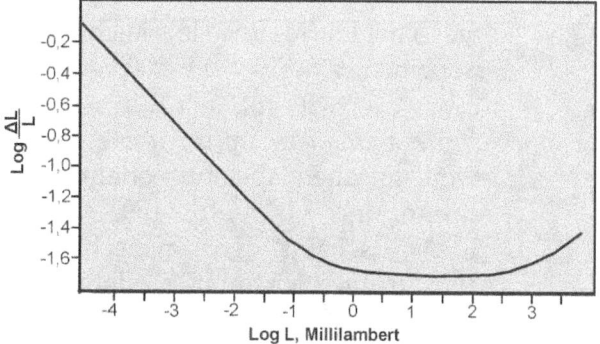

Abb. 5-7: Minimalkontrast-Kurve (6)

Bei Intensitäten unter diesem mittleren Bereich sinkt unsere Unterscheidungsfähigkeit kontinuierlich ab und ist bei -4 log Millilambert um den Faktor 8 geringer als der Spitzenwert. Größere Intensitäten verzeichnen ebenfalls einen allerdings nur leichten Abfall.

Unsere Unterscheidungsfähigkeit ist gering bei geringer Helligkeit, groß bei mittlerer Helligkeit und wiederum etwas geringer bei großer Helligkeit. Daraus können wir folgende Schlußfolgerungen ziehen: 1) In dunklen Bereichen können wir kleinere absolute Helligkeitsunterschiede wahrnehmen als in Hellen. Denn wir können wohl den Unterschied zwischen 10 und 11 cd/m^2 erkennen, nicht aber den zwischen 400 und 401 cd/m^2. 2) Da die wahrgenommene Helligkeit grob dem Logarithmus der Intensität entspricht, müssen sich die Tonwerte einer Skala um einen konstanten Faktor

Kontrastwahrnehmung

unterscheiden, damit sie gleichmäßig erscheinen, z.B. 50, 100, 200, 400 cd/m^2 bzw. so, wie in Skala B in Abb. 5-8. Eine Skala, deren Tonwerte durch jeweils gleichen Abstand voneinander getrennt sind, z.B. 50, 100, 150, 200, 250 cd/m^2, erscheint dem menschlichen Auge nicht gleichmäßig, denn die Helligkeitsdifferenzen werden kleiner und kleiner (Abb. 5-8 A).

Auf der Seite der überschwelligen Reize (der Größenschätzung der Helligkeit) ergibt sich daraus die Erkenntnis, daß wir die Intensität nahezu verneunfachen müssen, um eine Verdoppelung der wahrgenommenen Helligkeit zu erzielen und die Helligkeit als Empfindungsgröße grob der Kubikwurzel der Lichtintensität entspricht. In einem Koordinatensystem mit linearer Skalenteilung ergibt sich die Kurve in Abb. 5-9, in einem mit logarithmischen Skalen jene in Abb. 5-10. Der erste, der feststellte, daß all unseren Sinneswahrnehmungen eine derartige logarithmische Reizumsetzung zu Grunde liegt, war **Ernst Heinrich Weber**. Er stellte bereits in den 1840er Jahren fest, daß seine Probanden beim Vergleichen von Gewichten nur dann einen Unterschied wahrnahmen, wenn das Vergleichsgewicht in einem bestimmten Verhältnis zum Standardgewicht stand. Beispielsweise konnten sie die Unterschiede zwischen 100g und 105g bzw. 200g und 210g feststellen, nicht jedoch kleinere Differenzen. **Gustav Theodor Fechner** formulierte daraus 1860 das **Webersche Gesetz**:

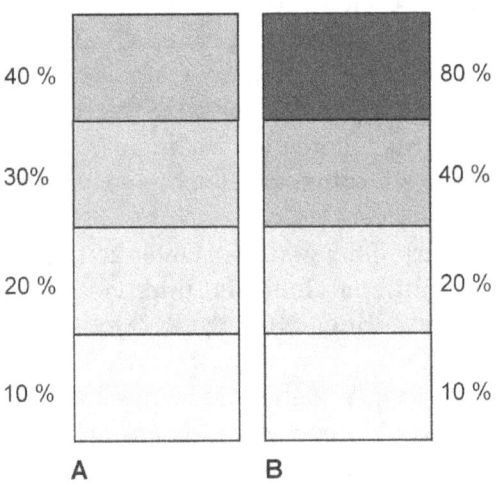

Abb. 5-8: Lineare- und logarithmische Intensitätszunahme
Skala A zeigt die Abnahme der Intensität in jeweils gleich großen Schritten (1,2,3,4). Dies entspricht einer linearen Skala. Skala B zeigt die Abnahme der Intensität in Schritten um jeweils den gleichen Faktor (1,2,4,8). Dies entspricht einer logarithmischen Skala.

$$K = \frac{\Delta S}{S}$$

K = Werbersches Verhältnis
ΔS = Abweichung des Standardreizes
S = Standardreiz

Ganz allgemein läßt sich daraus ableiten, daß unsere Wahrnehmung nur dann eine spürbar stärkere Empfindung registriert, wenn der Zuwachs in einem gleichbleibenden Verhältnis zum vorangehenden Reiz steht. Je größer der ursprüngliche Reiz ist, desto größer muss auch das Ausmaß der physikalischen Veränderung sein, um einen gerade wahrnehmbaren Unterschied hervorzurufen. Wenden wir die Gleichung auf den Gewichtsvergleich an, so ergibt sich für den Standard von 100g K = 5/100 = 0,05 und für den Standard von 200g K = 10/200 = 0,05. Der Webersche Quotient liegt also konstant bei 0,05 bzw. 5% des Standardgewichts. Beim Tastsinn beträgt der erforderliche Mindestzuwachs rund 3 % des Hautdrucks, beim Geschmackssinn muss die Konzentration um 10-20 % steigen. Für die Helligkeitswahrnehmung ergab sich der für Webers und Fechners Zeit gute Wert von 2 %.

Die Anzahl der wahrnehmbaren Tonwerte

Am Ende ist es Zeit, die ganzen Maße der Helligkeitsunterschiede mal auf etwas greifbares zu beziehen: wie viele einzelne Tonwerte wir z.B.

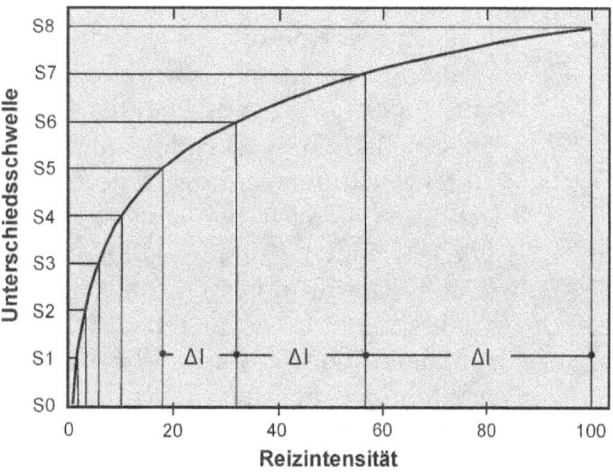

Abb. 5-9: Größenschätzung der Helligkeit linear (1)

in einer Photographie wahrnehmen können. Dieser Wert hängt zu einem vom Dynamikumfang des Prints und zum anderen von der Beleuchtungsstärke ab. Ein sehr guter Print erreicht eine Maximaldichte von 2,0,

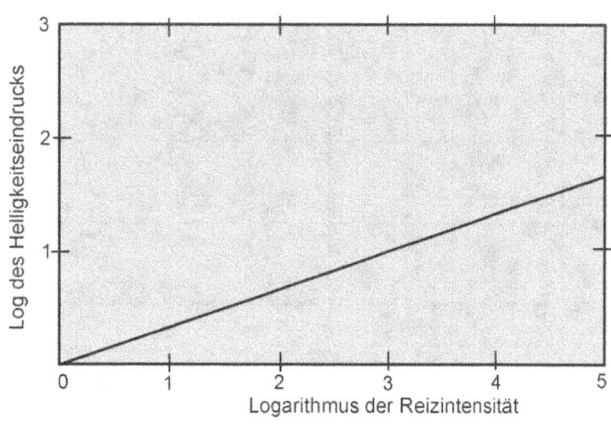

Abb. 5-10: Größenschätzung der Helligkeit logartithmisch (1)

Kontrastwahrnehmung

was einem Kontrast von 100:1 (10^2 = 100) und einem Dynamikumfang von 2,0/0,3 = 6,6 Belichtungsstufen entspricht. Im besten Fall, wenn unser Unterscheidungsvermögen über den gesamten Bereich bei konstant 1 % bliebe, könnten wir log200/log 1,01 = 532 Tonwerte unterscheiden. Unser Unterscheidungsvermögen läßt aber um den Faktor 8 nach. Wir können also in der hellsten Belichtungsstufe 70 Tonwerte (entspricht 1/70 einer Belichtungsstufe, denn $1,01^{70}$ = 2,0) wahrnehmen und in der Dunkelsten gute 9 (70/8=8,75). Abb. 5-11 zeigt ein Koordinatensystem, in dem die 70 Tonwerte an der y-Achse und die auf volle 7 gerundeten Belichtungsstufen an der der x-Achse abgetragen sind. Die Endpunkte verbindet eine Gerade, an der die Anzahl der pro Belichtungsstufe wahrnehmbaren Tonwerte eingetragen ist. Ihre Addition ergibt eine Summe von 279.

Die Zahl von gut 280 Tonwerten dürfen wir annehmen, wenn wir den Print unter der als optimal geltenden Beleuchtungsstärke von 200 bis 300 cd/m² betrachten. Zum Vergleich: Ein sonniger Tag bringt es auf bis zu 7000 cd/m², in Büros herrschen meist 100 cd/m² und im abendlichen Wohnzimmer messen wir zwischen 20 und 40 cd/m². Betrachten wir denselben Print einmal unter 200 cd/m² und einmal unter 20 cd/m², so wird er uns im zweiten Fall als im Ganzen zu dunkel erscheinen und wir werden nur gute 75 % seiner Tonwerte wahrnehmen können, wobei wir in den Schatten am meisten verlieren. Umgekehrt erscheint uns eine Photographie unter direktem Sonnenlicht als zu hell. Unter diesen Bedingungen werden wir zwar viel Zeichnung in den dunklen Bildbereichen erkennen, eine Vielzahl Tonwerte in den Lichtern aber nicht mehr unterscheiden können. Dies kann jeder selbst mit einem Graustufenkeil unter verschiedenen Umgebungshelligkeiten selbst nachvollziehen. Positiv können wir diesen Zusammenhang für uns nutzen, wenn wir das Bild ein wenig dunkler als normal ausgeben und es unter einer im Vergleich zum Durchschnitt ein wenig helleren Beleuchtung betrachten.

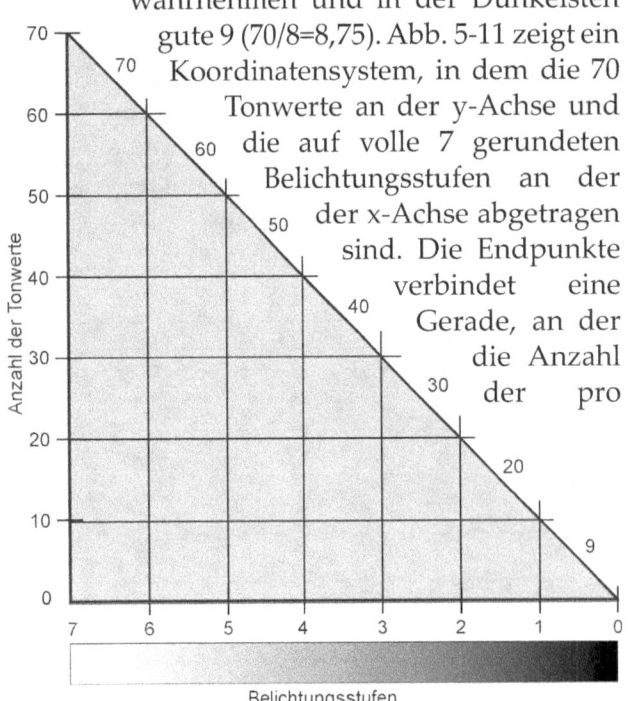

Abb. 5-11: Anzahl der im Print wahrnehmbaren Tonwerte

Die Anzahl der wahrnehmbaren Tonwerte

Denn in diesem Fall werden wir eine im Vergleich größere Anzahl Tonwerte wahrnehmen können.

Die Beleuchtungsstärke können Sie übrigens näherungsweise wie folgt mit dem Belichtungsmesser Ihrer Kamera bestimmen: Visieren Sie einfach ein weißes Blatt Papier unter denselben Beleuchtungsbedingungen an unter denen Sie das Bild betrachten. Bei der Empfindlichkeitseinstellung 160 ISO und bei Blende 5,6 entspricht die Beleuchtungsstärke in cd/m^2 ziemlich genau dem Kehrwert der Belichtungszeit. Lesen Sie also 1/500 sec ab, so beträgt die Beleuchtungsstärke rund 500 cd/m^2.

Bleibt noch anzumerken, daß eine Photographie dauerhaft nicht ohne weiteres einer Beleuchtungsstärke von 300 cd/m^2 ausgesetzt werden sollte, um das vorzeitige Verblassen unter dem damit einhergehenden hohen Anteil ultravioletter Strahlung zu verhindern. Zuverlässigen Schutz davor bietet die Rahmung unter UV-Schutzglas, wie beispielsweise *Tru-Vue* das 97 % des UV-Lichts ausfilter

6 Schärfe-Wahrnehmung

Inhalt

Standortbestimmung – Was ist visuelle Schärfe?
    Das Auflösungsvermögen des visuellen Systems
        Die Beugung als physikalische Einschränkung
        Die Anordnung der Fotorezeptoren auf der Netzhaut
        Die neuronale Verschaltung der Fotorezeptoren
        Die Qualität der Augenoptik
        Die Helligkeit
        Der Kontrast
        Die Farbe
        Das Gesamtauflösungsvermögen des visuellen Systems
    Die Konturenschärfe

Visuelle Schärfe

Standortbestimmung – Was ist visuelle Schärfe?

Die Helligkeit eines Lichtreizes können wir in cd/m² messen, seine Farbigkeit über die Wellenlängenstruktur bestimmen, aber Schärfe ist eine rein wahrgenommene Eigenschaft einer visuellen Szene, die wir nicht direkt bestimmen können. Sie liegt nur im Auge des Betrachters. Allgemein bezeichnen wir einen visuellen Eindruck als scharf, wenn die Objekte klar voneinander abgegrenzt sind. Damit ist

Visuelle Schärfe ist ein Abfallprodukt jenes Prozesses, in dem das visuelle System die Objektwahrnehmung realisiert.

visuelle Schärfe im Gegensatz zur geschmeckten oder gerochenen Schärfe jenes Empfindungsmaß, anhand dem wir die Klarheit oder Deutlichkeit der Objektkanten bemessen. Diese Kanten und Grenzflächen zu erfassen ist von hohem Interesse für das visuelle System, denn wie der erste Band dieser Reihe gezeigt hat organisiert es an ihnen die Objektwahrnehmung: Die Gegenstände einer Szene werden nicht vollständig erfasst, sondern anhand der wahrgenommenen Kanten einzeln konstruiert. Dieser Prozess ist aufwendig und in seinem genauen Ablauf unter den Wissenschaftlern noch umstritten.

Ohne die Registrierung der Objektgrenzen könnte keine visuelle Wahrnehmung entstehen. daß das stimmt, ist praktisch bereits mit dem folgenden Versuch simuliert worden. Stellen Sie sich zum Beispiel ein rotes Quadrat vor in dessen Mitte sich ein kleineres, grünes Quadrat befindet. Wenn Sie die Grenze zwischen beiden Flächen künstlich auf ihrer Retina stabilisieren, verlieren Sie zunächst die Wahrnehmung des grünen Quadrats und es bleibt nur die rote Fläche des Hintergrunds übrig. Nach ungefähr einer Sekunde ohne jede Bewegung relativ zur Retina löst sich dann auch dieser Eindruck auf und sie sehen nichts mehr. Das ist der Fall, weil uns die Photorezeptoren nur Potentialunterschiede, nicht aber absolute Potentialniveaus melden, was ebenfalls der Effizienzsteigerung dient. Damit uns die Wahrnehmung nicht verloren geht, wenn der Blick längere Zeit auf einem Punkt verweilt, führen die Augen mehrmals pro Sekunde unbewußte und in der Richtung zufällige Bewegungen aus, sogenannte Mikrosakkaden.

Die Antwort darauf, warum unser visuelles System die Objekte anhand

Standortbestimmung – Was ist visuelle Schärfe?

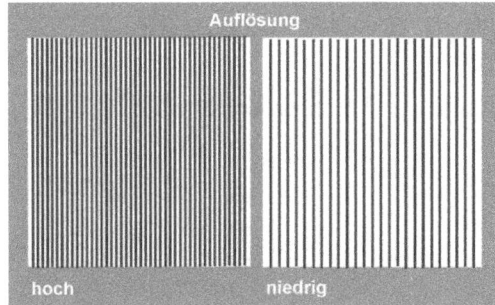

Abb. 6-1: Konzept Auflösung

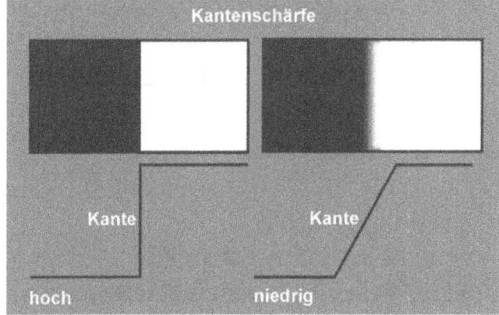

Abb. 6-2: Konzept Kantenschärfe

der Grenzflächen zwischen Bereichen unterschiedlicher Farbe und Helligkeit strukturiert und unterscheidet, ist einfach: Wirtschaftlichkeit, Effektivität und geringer Energieverbrauch. Diese Zusammenhänge beschreibt der Abschnitt „Zweiter Schritt – Beginn der Informationsverarbeitung" (S. 20 ff) ausführlich.

Um möglichst viele Kanten möglichst genau erfassen zu können, müssen Auge und Gehirn das Blickfeld so detailliert wie möglich rastern

und die Grenzflächen dann isolieren. Das ist eine ziemlich ambitionierte Aufgabe und unser visuelles System bewältigt sie in mehreren Stufen. Zur präzisen Abtastung benutzt es eine große Anzahl Photorezeptoren. Ihr Abstand zueinander bestimmt neben ein paar anderen Faktoren, die wir

Kantenschärfe hoch   Auflösung gering

Kantenschärfe gering   Auflösung hoch

Kantenschärfe hoch   Auflösung hoch

Abb. 6-3: Die Kombination von Auflösung und Kantenschärfe bestimmt über unseren visuellen Schärfeeindruck

Visuelle Schärfe

weiter unten kennenlernen werden, über das **Auflösungsvermögen** des Sehapparats.

Um die Objektkanten in dem so produzierten Bild zuverlässig isolieren zu können, verfügt das visuelle System über die bemerkenswerte Fähigkeit, die aus der Belichtung der Photorezeptoren resultierenden Nervenimpulse (quasi seine visuellen Daten) wie ein Computer verarbeiten zu können. Dazu dient ihm ein bestimmter Typ Ganglienzellen, die physiologisch in Zentrum und Peripherie gegliedert sind. Beide sind so verschaltet, daß sie sich wechselseitig hemmen. Dieser Zellaufbau wird **Center/Surround Organisation** (siehe Abb. 1-6 auf S. 19) genannt und dient dazu, Unregelmäßigkeiten, eben Objektgrenzen, herauszufiltern. Je härter die Kontur ist, je unmittelbarer ihr Übergang, umso größer ist das Ausgabepotential so einer Center/Surround Zelle und unser daraus entstehender **Schärfeeindruck der Kante**.

Mit dem **Auflösungsvermögen** und der **Kantenschärfe** haben wir nun also die beiden Konzepte herausgearbeitet, die ursächlich für unseren Schärfeeindruck verantwortlich sind. Sie wollen wir im Folgenden genau beleuchten.

Das Auflösungsvermögen des visuellen Systems

Auflösung meint das Maß, mit dem das visuelle System eine Szene rastert. Sie entspricht der Packungsdichte der Photorezeptoren, die in der Sehgrube (Fovea centralis) am größten ist (siehe „Die Anordnung der Photorezeptoren auf der Netzhaut"). Man kann sagen, daß das Auflösungsvermögen in der Fovea so hoch ist, damit wir möglichst viele Kanten möglichst präzise erfassen können.

Unser Schärfeeindruck einer natürlichen Szene oder einer Photographie ist umso größer je mehr Einzelheiten wir wahrnehmen. Darüber, wie viele Details wir auffassen, bestimmt das Auflösungsvermögen unseres visuellen Systems. Dies können wir auf verschiedene Wahrnehmungsleistungen beziehen: Wir können bestimmen, wie groß der Abstand zwischen zwei Objekten mindestens sein muss, damit sie als getrennt aufgefasst werden. Das wird **Auflösungs-Sehschärfe** genannt. Wir können bestimmen, wie groß ein Objekt mindestens sein muss, damit es noch erkannt wird. Das wird **Erkennungs-Sehschärfe** genannt. Wir können die kleinste Objektgröße bestimmen, die gerade noch wahrnehmbar ist. Das wird **Minimalerkennbare-Sehschärfe** genannt. Und wir können den geringsten wahrnehmbaren Versatz zwischen zwei Linien bestimmen. Das wird dann **Hyper-Sehschärfe** oder **Vernier-Sehschärfe** genannt. Für unserer photographisch orientierte Betrachtung ist die **Auflösungs-Sehschärfe** relevant. Sie hängt von mehreren Faktoren ab, die sich zu einem Maß ergänzen das eine Abbildung nicht zu überschreiten braucht, um einen scharfen Eindruck zu machen. Sie werden wir in den folgenden Abschnitten genau unter die Lupe nehmen.

Die Beugung als physikalische Einschränkung

Lichtwellen verlaufen normalerweise geradlinig durch den Raum. Treffen sie auf ein Hindernis oder passieren ein solches sehr nah („nah" meint im Bereich weniger Wellenlängen), so werden sie aus dieser geraden Richtung abgelenkt. Diesen Vorgang nennen wir **Beugung**. Er ist ein unvermeidbarer physikalischer Effekt und unabhängig von der Qualität der Optik. Je kleiner die Öffnung, umso größer ist die Beeinträchtigung der Abbildung durch die Beugung.

Aufgrund dieser Zerstreuung in unterschiedliche Richtungen legen

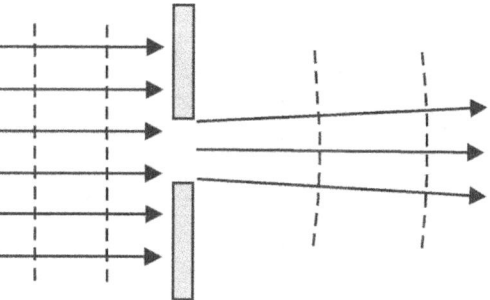

Beugung an einer großen Öffnung

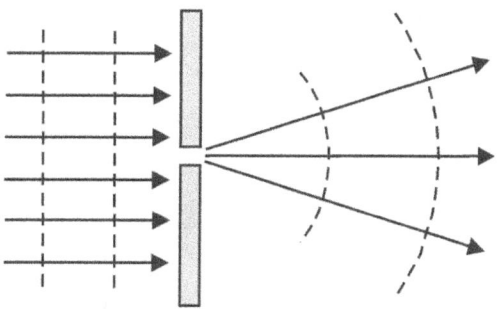

Beugung an einer kleinen Öffnung

Abb. 6-4: Beugung von Lichtstrahlen an einer großen Öffnung bzw. einer kleinen Öffnung

die Lichtwellen dann nicht mehr alle dieselbe Entfernung zurück, sondern verlassen zum Teil ihre ursprüngliche Schwingungsrichtung. Das führt dazu, daß sie sich an einer Stelle überlagern und ergänzen bzw. an einer anderen ganz oder teilweise auslöschen. Diese Überlagerung (**Interferenz**) produziert ein **Beugungsmuster**, das die höchste Intensität dort aufweist, wo sich die Wellen addieren und die geringste, wo sie sich auslöschen.

Visuelle Schärfe

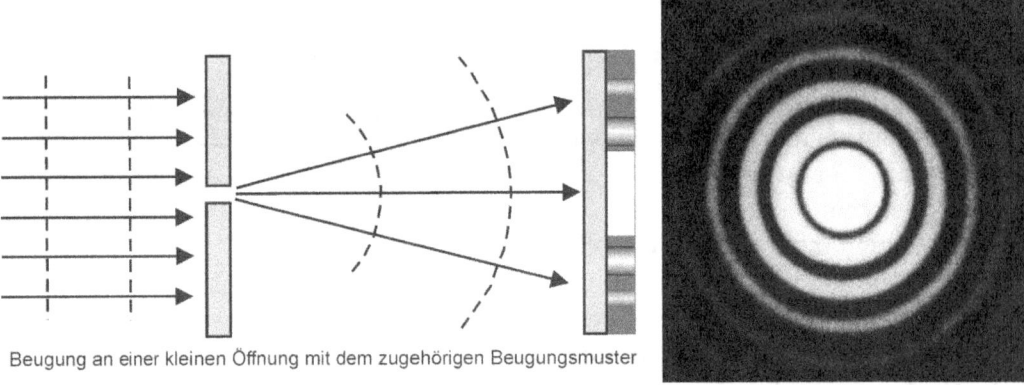

Abb. 6-5: Beugung von Licht an einem Spalt und das daraus resultierende Beugungsmuster

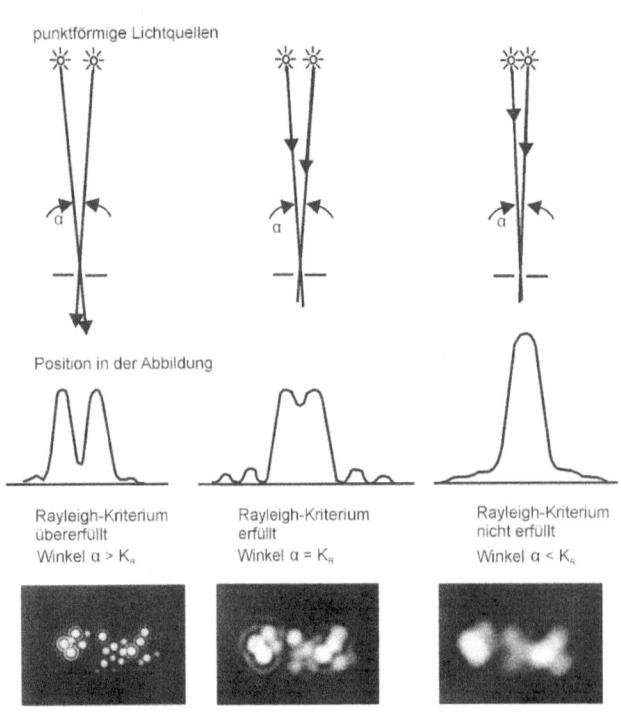

Abb. 6-6: Rayleigh-Kriterium und Auflösung

Würden wir die Stärke an jeder Position einer geraden Linie messen, so ergäbe sich ein Band ähnlich dem, das Abb. 6-5 zeigt.

Eine perfekt runde und daher ideale Blende würde ein Beugungsmuster produzieren, das nach seinem Entdecker, dem britischen Astronomen Sir George Biddell Airy (1835-1892), als **Airy-Scheibchen** (auch **Airy Disk**) bezeichnet wird. Auf einen praktischeren Fall übertragen können wir uns die Beugung wie bei einem Wasserschlauch vorstellen. Genügend Druck vorausgesetzt verläßt ihn das Wasser als nahezu runder Strahl. Wenn wir die freie Öffnung aber mit den Fingern ein wenig zusammendrücken, wird der Strahl zu einem mehr oder weniger breiten Fächer auseinandergezogen.

Das Auflösungsvermögen des visuellen Systems
Die Beugung als physikalische Einschränkung

Da wir keine unendlich großen Optiken konstruieren können, ist jedes optische Gerät, unser Auge eingeschlossen, zwangsläufig im Hinblick auf seine Öffnung begrenzt. Sei es durch den Außendurchmesser oder die Größe einer eingebauten Blende. An diesem Flaschenhals wird das Licht abgelenkt und so kann die Optik eine entfernte punktförmige Lichtquelle selbst dann niemals in eben einem solchen Punkt abbilden, wenn alle sonstigen Abbildungsfehler beseitigt wären. Statt dessen fällt die Abbildung abhängig von der Öffnungsgröße mehr oder weniger unscharf aus und das Bild spiegelt in der Brennebene das allgemeine sogenannte **Fraunhofersche Beugungsmuster** wider. In vielen Fällen ist dieser Effekt so gering, daß er vernachlässigt werden kann, aber grundsätzlich verhindert er die Abbildung sehr feiner Details und damit die Vergrößerung eines Bildes über ein gewisses Maß hinaus.

Um das Auflösungsvermögen einer Optik zu beschreiben, benutzen wir das nach seinem Entdecker John William Strutt (1842-1919), dem 3. Lord Rayleigh, benannte **Rayleigh-Kriterium (K_R)**. Es besagt, daß zwei Lichtpunkte als aufgelöst gelten, wenn das Hauptmaximum des ersten das erste Minimum des zweiten nicht unterschreitet.

Maximum und Minimum der Lichtquellen müssen also durch eine Entfernung getrennt sein, die proportional zum Quotienten aus Lichtwellenlänge und Öffnungsdurchmesser ist. Damit ist klar, daß eine größere Öffnung auch feinere Details auflösen kann. Diesen Zusammenhang drückt die Formel für eine runde Öffnung aus:

Formel 1

$$\alpha_{Grenz} = 0{,}206 \frac{\lambda}{D}$$

α_{Grenz} = Auflösungsvermögen in Bogensekunden
λ = Lichtwellenlänge
D = Öffnungsdurchmesser

Für das Auflösungsvermögen unserer Augen gilt das Rayleigh-Kriterium ebenfalls als grundsätzliche Richtmarke und mit der eben eingeführten Formel können wir das theoretisch maximal erreichbare Auflösungsvermögen berechnen. Dazu gehen wir von einem Pupillendurchmesser für das vollständig helladaptierte Auge von durchschnittlich $D = 3$ mm und der Wellenlänge = 550 nm aus, für die der Rezeptorapparat des Auges am empfindlichsten ist:

Visuelle Schärfe

$$\alpha_{Grenz} = 0{,}206 \frac{\lambda}{D}$$

$$\alpha_{Grenz} = 0{,}206 * \left(\frac{550}{3}\right)$$

$$\alpha_{Grenz} = \frac{113{,}3}{3}$$

$$\alpha_{Grenz} = 37{,}7666'' = 0{,}6294' = 0{,}0105°$$

Theoretisch können wir bei Tageslicht also zwei Punkte unterscheiden, die gerade 0,6294 Bogenminuten auseinander liegen. Anders ausgedrückt müssen die beiden Punkte 1 mm voneinander entfernt sein, damit wir sie aus 57 cm Entfernung als getrennt wahrnehmen.

Je größer die Blendenzahl, desto größer das Beugungs- oder Airy-Scheibchen. Die Frage, die sich nun stellt, ist, ab wann die Beugung zum begrenzenden Faktor für die Detailwiedergabe, also die Auflösung, wird. Dazu ist zunächst einmal zu betrachten, ab wann der Mensch die Beugungsscheibchen als getrennte Punkte wahrnimmt. Diese Untersuchung wurde 1879 von Lord Rayleigh durchgeführt und veröffentlicht. Sie zeigt, daß die Intensität des Bereiches zwischen zwei Airy-Scheibchen auf 81% der Maximalintensität abgefallen sein muss, damit die Scheibchen mit dem Auge als getrennt wahrgenommen werden können. Dieses ist genau dann der Fall, wenn die Maxima der Beugungsscheibchen einen Abstand haben, der dem Radius eines Scheibchens entspricht.

Die Anordnung der Photorezeptoren auf der Netzhaut

Die Retina ist mit rund 110 Millionen Stäbchenrezeptoren und gut 6 Millionen Zapfenrezeptoren besetzt, die nicht gleichmäßig über die Netzhaut verteilt sind, sondern sich in bestimmten Bereichen konzentrieren und in anderen spärlicher vertreten sind. Drei Begriffe, die in diesem Zusammenhang wichtig sind, lauten Fovea centralis (auch Sehgrube), Blinder Fleck und Netzhautperipherie. Die **Fovea centralis** befindet sich genau in der Blicklinie, so daß ein Objekt welches wir direkt fixieren, exakt auf sie fällt. Der **Blinde Fleck** ist jener Ort, an dem der Sehnerv die Netzhaut verlässt und die **Netzhautperipherie** bezeichnet die verbleibende Fläche der Retina.

Aus der Abb. 6-7 können wir herauslesen, daß der Blinde Fleck als einzige Stelle völlig frei von Photorezeptoren beider Arten ist und sich die für das Nachtsehen verantwortlichen Stäbchenzellen mit von innen nach außen abnehmender Anzahl über die

Das Auflösungsvermögen des visuellen Systems
Die Anordnung der Photorezeptoren auf der Netzhaut

Netzhaut verteilen. Sie erreichen ihre größte Dichte in einem Kreis von 20° um die Fovea und sorgen so für eine auch bei geringer Beleuchtungsstärke ausreichende optische Auflösung. Über die anschließende erste Hälfte der Netzhaut bleibt die Anzahl der Stäbchen dann relativ konstant hoch, bevor sie zum Rand hin deutlich abnimmt. Die für das farbige Tagsehen zuständigen Zapfenzellen konzentrieren sich in auffälliger Weise in der **Fovea centralis** und sind ab einer Position von 10° in gleichbleibender Anzahl über die Netzhautperipherie verteilt. Daraus können wir einen wichtigen Zusammenhang ableiten, denn wenn Sie einmal den Blick heben und ein Objekt in Ihrer Umgebung fixieren, stellen Sie sicher fest, daß Sie dies klar und deutlich und scharf wahrnehmen, diese Deutlichkeit und Schärfe aber zum Rand des Gesichtsfeldes hin rapide abnimmt. Diese Verteilung des Schärfeeindrucks korrespondiert mit der Verteilung der Photorezeptoren, wie wir sie gerade herausgearbeitet haben und sagt uns unmissverständlich, daß die große Anzahl Zapfenrezeptoren in der Fovea centralis, auf die ein direkt fixiertes Objekt fällt, für unseren schärfsten Seheindruck verantwortlich sein muss. Aus diesem Grund wollen wir die folgende

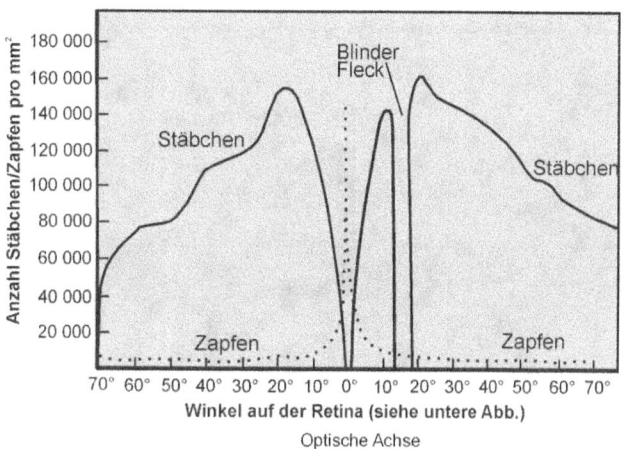

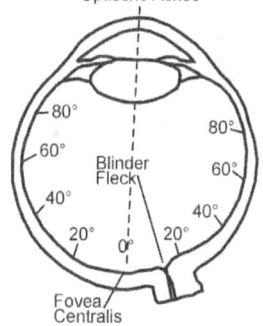

Abb. 6-7: Verteilung der Photorezeptoren auf der Netzhaut (1)

Betrachtung unseres visuellen Auflösungsvermögens ganz auf die Zapfen beschränken.

Der lichtempfindliche Durchmesser eines Zapfens beträgt rund 1,5 µm und der Abstand zwischen den Zentren zweier Zapfen liegt bei circa 2,5 µm. Dieser außerordentlich geringe Abstand wird erreicht, weil die Fovea ausschließlich mit den besonders schlanken M- und L-Zapfen bestückt ist, die für den mittelwelligen- bzw.

Visuelle Schärfe

Abb. 6-8: Die Buchstabengrößen verdeutlichen, wie sehr unser Auflösungsvermögen vom Sehzentrum zur Peripherie hin nachläßt

Das Auflösungsvermögen des visuellen Systems
Die Anordnung der Photorezeptoren auf der Netzhaut

langwelligen Teil des Spektrums empfindlich sind. Der Grund dafür liegt in den Problemen, die die chromatische Aberration mit sich bringt (siehe „Helligkeit und Farbe – Unsere Vorliebe für die warmen Farben"). Die geringfügig breiteren K-Zapfen, deren Sensibilität auf das kurzwellige Spektrum beschränkt ist, und natürlich auch die Stäbchenzellen fehlen hier ganz.

Das durch die Anordnung der Photorezeptoren in der Fovea definierte Auflösungsvermögen errechnen wir wie folgt: Die Brennweite des Auges beträgt ziemlich genau 25 mm. Wir dividieren den Rezeptorabstand von 2,5 µm durch diese 25 mm und erhalten den Wert von 100 Mikroradiant (=0,0001 Radiant). Auf einen Radiant entfallen (180/pi)*3600 = 206264,81 Bogensekunden. Wir multiplizieren diesen Wert mit 0,0001 Radiant und erhalten 20,626481 Bogensekunden = 0,3437746 Bogenminuten = 0,0057295 Grad. Dieser Wert ist nur halb so groß, wie das durch das Rayleigh-Kriterium vorgegebene theoretische Maximum und ein weiterer Vergleich zeigt, daß mehr tatsächlich nicht geht. Denn wenn wir die theoretisch maximal erreichbare Auflösung von α_{Grenz} = 0,0105° zugrunde legen, bedeutet dies, daß die Beugungsbilder zweier punktförmiger Lichtquellen auf der Netzhaut mindestens 4 µm auseinander liegen müssen, um aufgelöst zu werden. Auf dieser Strecke befinden sich aufgrund ihrer eingangs festgestellten Größe drei Zapfenrezeptoren und dies ist gerade genug, um zwei Lichtquellen und

**Der Radiant (Einheitenzeichen rad) dient zur Angabe der Größe eines ebenen Winkels. Er ist eine abgeleitete Einheit im SI-Einheitensystem. Der ebene Winkel von 1 Radiant umschließt auf der Umfangslinie eines Kreises mit 1 Meter Radius einen Bogen der Länge 1 Meter. Der Vollwinkel umfasst 2π Radiant:
1 Vollwinkel = 2π rad.
(Deutsche Wikipedia)**

das dunkle Stück zwischen ihnen zu erkennen. Eine größere Anzahl Zapfen ist unnötig, da diese zwar mehr Einzelheiten des Beugungsmusters, aber nicht der Lichtquellen auflösen würden. Umgekehrt würde eine geringere Anzahl Zapfen nicht die im Netzhautbild enthaltenen Details auflösen. Damit ist die Struktur der Netzhaut nahezu perfekt an das theoretisch maximal erreichbare Auflösungsvermögen angepasst.

Visuelle Schärfe

Die neuronale Verschaltung der Photorezeptoren

Neben ihrer Verteilung auf der Netzhaut unterscheiden sich die Photorezeptoren auch in ihrer Verschaltung mit den nachfolgenden Neuronen und auch dies hat Einfluss auf die Sehschärfe. Von vorn nach hinten wird die Signalmenge der rund 120 Millionen Photorezeptoren stufenweise verringert und auf die 1 Million Ganglienzellen zusammengeführt, deren Verlängerung als Sehnerv aus dem Auge hinaus führt. Dabei laufen aufgrund der größeren Menge durchschnittlich 120 Stäbchen, aber nur sechs Zapfen in je einer Ganglienzelle zusammen. Diese Diskrepanz wird unter der Berücksichtigung der Tatsache, daß viele Zapfenzellen der Sehgrube exklusiv mit einer Ganglienzelle verschaltet sind, noch größer.

Abb. 6-9 illustriert den praktischen Effekt der Konvergenz. Aus der Erregung der zwei Stäbchenrezeptoren und der Reizantwort der Ganglienzelle, in der sie gemeinsam mit drei anderen zusammenlaufen, kann das visuelle System unmöglich auf das tatsächliche Vorhandensein von zwei getrennten Lichtreizen schließen. Die Zapfenrezeptoren der Fovea centralis sind dagegen exklusiv mit jeweils einer Ganglienzelle verbunden und deshalb wird die Reizantwort von zwei separaten Rezeptoren auch als solche wahrgenommen.

Die Qualität der Augenoptik

Damit überhaupt ein scharfes Bild auf der Netzhaut entstehen kann, müssen die lichtbrechenden Einheiten des Auges perfekt zusammenspielen. Dies sind **Hornhaut** und **Linse**. Ihre Aufgabe ist es, die aus unterschiedlichen Winkeln eintreffenden Lichtstrahlen zu bündeln und so zu brechen, daß sie sich nicht einfach geradeaus weiter fortsetzen, sondern in der Fovea centralis zusammentreffen. Die in Dioptrien (dpt, der Kehrwert der Brennweite dpt=1/f) angegebene Brechkraft beträgt

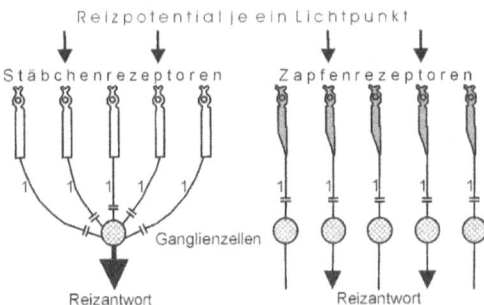

Abb. 6-9: Neuronale Verschaltung u. Sehschärfe. In diesem Fall wirkt sich die große Konvergenz der Stäbchen negativ aus, denn die Reizreaktion der einen Stäbchenganglienzelle gibt keinen Hinweis auf die erregenden zwei Lichtpunkte. Die exklusive Verschaltung der Zapfen ist hier im Vorteil und erhöht deren Fähigkeit zur räumlichen Auflösung.

Das Auflösungsvermögen des visuellen Systems
Neuronale Verschaltung, Qualität der Augenoptik

für die Hornhaut etwa 43 dpt und für die Linse ungefähr 19 dpt. Daraus ergibt sich für das normalsichtige Auge eine Gesamtbrechkraft von 65 Dioptrien. Wird diese Brechkraft krankheitsbedingt unter- oder überschritten, ist das Netzhautbild nicht scharf definiert und mit dieser Unschärfe sinkt das Auflösungsvermögen des visuellen Systems. Die häufigsten Augenkrankheiten, die dies nach sich ziehen, sind im Folgenden kurz skizziert.

Weist die Linse eine zu geringe Brechkraft auf oder ist der Augapfel zu kurz, so entsteht das scharfe Bild im Auge erst hinter der Netzhaut. Dies wird als **Weitsichtigkeit** oder **Hyperopie** bezeichnet. Das jugendliche Auge kann dies sehr lange Zeit durch eine verstärkte Naheinstellung (Akkomodation) ausgleichen. Um aber den durch diese Überanstrengung hervorgerufenen Augen- und Kopfschmerzen vorzubeugen, wird die Weitsichtigkeit durch eine Brille oder Kontaktlinsen korrigiert.

Ist der Augapfel umgekehrt zu lang oder die Brechkraft der Linse zu hoch, so spricht man von **Kurzsichtigkeit** oder **Myopie** und das scharfe Bild entsteht im Auge vor der Netzhaut. Auch diese Fehlsichtigkeit wird mit einer Sehhilfe korrigiert.

Damit wir entfernte und nahe Gegenstände scharf auffassen können, muss die Linse ihre Form an die jeweilige Entfernung anpassen. Dieser Vorgang wird **Akkomodation** genannt. Zwischen dem 40. und dem 50. Lebensjahr verliert die Linse bei vielen Menschen langsam an der dazu notwendigen Elastizität und dieser normale Alterungsprozess wird **Alterssichtigkeit** oder **Presbyopie** genannt. Muss sich die Linse sehr stark auf kurze Entfernungen einstellen, weil wir z.B. viel Lesen, so kann es passieren, daß sich die Sehschärfe den Tag über verringert, weil sich die Akkomodation aufgrund der mangelnden Elastizität erst über Nacht wieder vollständig löst. In diesem Fall wird die Sehschärfe für Entferntes am Morgen, nach dem Aufwachen, besser sein als am Abend. Natürlich kann auch der umgekehrte Fall vorkommen, in dem sich die Sehschärfe für Nahes durch die Alterssichtigkeit über den Tag verschlechtert. In beiden Fällen leistet eine Lese- bzw. Weitsehbrille gute Dienste.

Stabsichtigkeit bzw. **Astigmatismus** ist eine Augenkrankheit, die durch eine unregelmäßige Hornhautkrümmung zustande kommt. Diese kann wiederum angeboren sein oder durch Narben nach Hornhautverletzungen entstehen. In jedem Fall führt sie dazu, daß die ins Auge fallenden Lichtstrahlen nicht in einem Punkt auf der Netzhaut gebündelt werden können. Aus

Visuelle Schärfe

diesem Grund wird ein Punkt nicht als Punkt, sondern als verschwommene Linie (Stab) wahrgenommen. Abhilfe schafft eine Brille mit Zylindergläsern oder formstabile Kontaktlinsen.

Die **Trübung der Augenlinse** (Katarakt oder Grauer Star) ist zu 90% eine Alterserscheinung, kann aber auch nach Augenverletzungen, Strahleneinwirkung, als Medikamentennebenwirkung, bei Diabetes mellitus oder angeboren nach einer vorgeburtlichen Infektion (z.B. Röteln) auftreten. Symptome sind langsam zunehmende Sehstörungen und starke Blendungserscheinungen. Außerdem geben die Betroffenen im fortgeschrittenen Stadium an, wie durch ein Milchglas zu sehen. Häufigste Therapie ist die Operation in örtlicher Betäubung.

Die Helligkeit

Die Helligkeit beeinflusst das Auflösungsvermögen des visuellen Systems gleich in mehrfacher Hinsicht. Zunächst betrifft sie die **Pupillengröße**. Dies ist die freie Öffnung des unmittelbar vor der Augenlinse befindlichen Iris-Muskels. Da die ganz hinten im Auge gelegene Netzhaut, auf der sich das gesehene Bild abbildet, nur langsam an Änderungen der Leuchtdichte anpaßt, kommt der Pupille die Schutzfunktion einer schnell schließenden Blende zu. Sie kann die Größe ihrer Öffnung zwischen 2 mm und 8 mm regulieren und die einfallende Lichtmenge damit um den Faktor 16 reduzieren oder erhöhen (zum Vergleich: Die Umfeldleuchtdichten können sich bei Tag – maximal 10^5 Candela/m^2 – und bei Nacht – minimal 10^{-5} Candela/m^2 – etwa um den Faktor 10^{10} unterscheiden). Erst nach der Soforteinstellung durch die Pupille gewöhnen sich die Sinneszellen der Netzhaut an die veränderte Leuchtdichte. Neben der Regulierung der Lichtmenge weist die Irisblende noch eine weitere Analogie zur Kamerablende auf. Ihre Verengung vergrößert beim Nahsehen die Schärfentiefe. Damit ergeben sich erheblich schärfere Netzhautbilder und dies ist beim Tagsehen besonders wichtig. Die Öffnungsgröße ist der springende Punkt, denn von ihr hängt, wie im Abschnitt zur Beugung angesprochen, das theoretisch maximal erreichbare Auflösungsvermögen ab. Nun gilt aber in der Praxis nicht der aus diesem Abschnitt abzuleitende Zusammenhang „größere Pupille gleich größeres Auflösungsvermögen", denn der mit zunehmender Helligkeit abnehmende Pupillendurchmesser reduziert die dem Auge innewohnenden optischen Abbildungsfehler. Ganz so, wie das Abblenden des Objektivs in der Photographie. Aus dieser doppelten Wirkung müssen wir eine Art

Das Auflösungsvermögen des visuellen Systems
Die Helligkeit

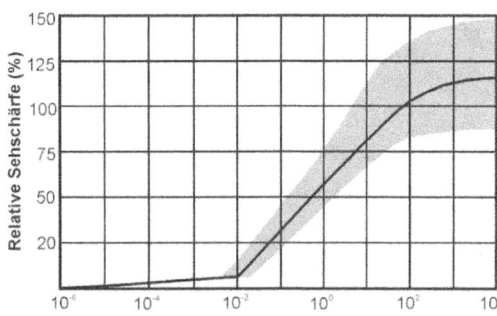

Abb. 6-10: Sehschärfe und Helligkeit
Grau markiert ist der Streubereich für Beobachter im Alter zwischen 25 und 50 Jahren

"Mischkalkulation" aufmachen und einen Kompromiss zwischen den Beugungsfehlern bei kleinen Öffnungen und den Aberrationsfehlern bei großen Öffnungen eingehen. Für den großen Durchschnitt normalsichtiger Augen kommt dabei heraus, daß eine mittlere Pupillengröße von 3 mm bis 5 mm Durchmesser (entsprechen 7 mm² bis 20 mm² Pupillenfläche) die geringsten Nachteile für das Auflösungsvermögen mit sich bringt. Diese Werte werden altersabhängig bei Leuchtdichten zwischen 150 und 300 cd/m² erreicht, was ungefähr jener Helligkeit entspricht, die wir zum bequemen Lesen bzw. zur Erledigung präziser Arbeiten in geschlossenen Räumen benötigen.

Die Umgebungshelligkeit entscheidet auch über den **Adaptationszustand** des visuellen Systems. Ob wir also mit den Stäbchen- oder den Zapfenrezeptoren sehen. Die für das Farbsehen und die höchste Auflösung verantwortlichen Zapfen sind beim mesopischen Sehen in der Dämmerung und beim photopischen Sehen am Tag aktiv, also bei Leuchtdichten zwischen 0,01 cd/m² und 100 000 000 cd/m². Darunter arbeiten die viel geringer auflösenden Stäbchen. Im Hinblick auf die Auflösung ist der weite Bereich der Zapfen-Adaptationsstufe nur bis zu 10 000 cd/m² optimal, so daß das Auflösungsvermögen oberhalb dieses Werts blendungsbedingt wieder abfällt.

Zwischen diesen beiden Punkten, im Bereich mittlerer Helligkeit, verhält sich das Auflösungsvermögen nahezu linear zur Lichtintensität, d.h. die Sehschärfe fällt proportional mit der Helligkeit ab, wie Abb. 6-10 zeigt. Für dies Verhalten gibt es zwei unterschiedliche Erklärungsansätze. Der Erste ist, daß innerhalb der Rezeptorpopulation unterschiedliche Empfindlichkeiten vorkommen, die zufällig über die Retina verteilt sind. Bei geringen Umgebungshelligkeiten sollen nur die dafür empfindlichen Rezeptoren aktiv sein, während höhere Helligkeitswerte alle Sehzellen ansprechen und so für die beobachtete hohe Auflösung sorgen. Der zweite Ansatz geht davon aus, daß die Wahrscheinlichkeit ein Lichtquant einzufangen bei geringer Helligkeit

Visuelle Schärfe

in der Netzhautperipherie aufgrund größerer Fläche und größerer räumlicher Summation am höchsten ist. Da die Photorezeptoren in diesem Bereich aber spärlich vertreten sind, ist die Auflösung gering. Mit zunehmender Helligkeit fangen auch die im vergleichsweise kleinen Punkt des schärfsten Sehens sitzenden Rezeptoren mehr Lichtteilchen ein und sorgen mit ihrer hohen Dichte auch für hohes Auflösungsvermögen.

Der Kontrast

Der Kontrast spielt eine große Rolle für die Fähigkeit des visuellen Systems feine Details voneinander zu unterscheiden, denn dies ist nur möglich, wenn der Helligkeitsunterschied zwischen ihnen ein gewisses Mindestmaß erreicht. Sein maximales Auflösungsvermögen schöpft das visuelle System folgerichtig nur aus, wenn die Vorlage den höchstmöglichen Kontrast zwischen Schwarz und Weiß aufweist, weil seine Kontrastempfindlichkeit im farbenblinden Wo-Kanal am größten ist (siehe „Entstehung des wahrgenommenen Bildes – Kategorisierung der Informationen"). Da wir im Alltag häufig Objekte wahrnehmen, die A) einen weit geringeren Kontrast zu ihrem Hintergrund aufweisen der B) zudem auch noch stark schwankt, interessiert uns natürlich, wie sich das Auflösungsvermögen verändert, wenn der Kontrast von diesem Maximalwert aus reduziert wird. Um dies herauszufinden, nutzt man **Gittermuster** aus abwechselnd schwarzen und weißen Linien mit unterschiedlicher Anzahl Linienpaaren

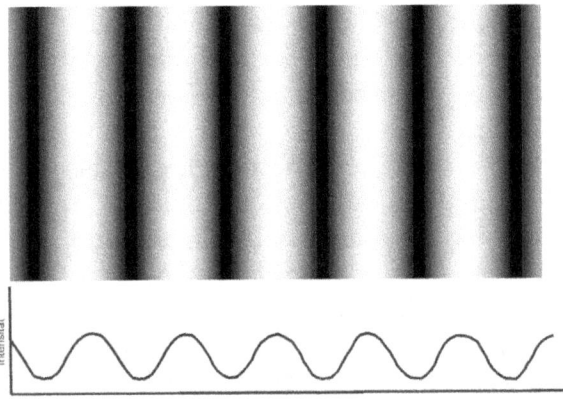

Abb. 6-11: Sinusgittermuster

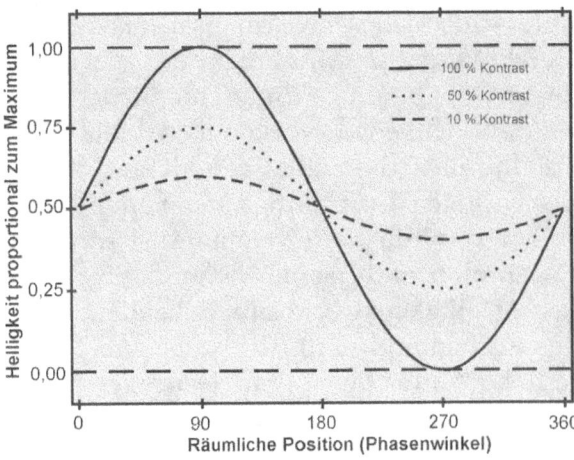

Abb. 6-12: Sinusförmige Helligkeitsverläufe

pro Millimeter (Ortsfrequenzen), wie sie Abb. 6-11 zeigt. Die Helligkeit verändert sich sinusförmig, weil dies der Wahrnehmung am besten entspricht. Abb. 6-12 zeigt sinusförmige Helligkeitsverläufe für 100% Kontrast, 50% Kontrast und 10% Kontrast. Der Kontrast des Gitters errechnet sich nach der Formel:

Formel 2

$$K = (H_{max} - H_{min}) / (H_{max} + H_{min})$$

K = Kontrast
H_{max} bzw. H_{min} = Größter bzw. kleinster Helligkeitswert

Für das Gitter mit 100% Kontrast gilt also K = ((1-0)/(1+0)) = 1,0 oder 100%.
Für das 50% Gitter mit der maximalen Helligkeit von 0,75 und der minimalen von 0,25 sagt die Formel
K = ((0,75-0,25)/(0,75+0,25)) = 0,5/1,0 = 0,5 oder 50%.
Und das 10% Gitter errechnet sich nach K = ((0,55-0,45)/(0,55+0,45)) = 0,1/1,0 = 0,1 oder 10%.

Um die Empfindlichkeit unseres visuellen Systems zu bestimmen, müssen wir die Kontrast-Schwellenwerte für die verschiedenen Ortsfrequenzen kennen. Um sie zu ermitteln, wird der Kontrast einer gegebenen Frequenz so weit verringert, bis ein Proband sie gerade noch aufzulösen imstande ist. Trägt man diese Werte in ein Diagramm ein, ergibt sich eine **Schwellenwertkurve** wie in Abb. 6-13 aus der sich der Mindestkontrast für jede Ortsfrequenz ablesen lässt. Der Kehrwert (1/Schwellenwert) dieses Kontrast-Schwellenwerts wird **Kontrastempfindlichkeit** genannt, denn je geringer der Mindestkontrast ist, umso größer ist die Empfindlichkeit für eine gegebene Ortsfrequenz. Beträgt der Schwellenwert 0,1 ist die Empfindlichkeit 1/0,1=10, beträgt der Schwellenwert 0,01 ist die Empfindlichkeit 1/0,01=100 und so fort. Tragen wir diese Kehrwerte in einem Diagramm gegen die Ortsfrequenz ab, so erhalten wir die **Kontrastempfindlichkeitskurve**, die auch als **Sichtbarkeitskurve** bezeichnet wird. Sie ist nichts anderes als die umgekehrte Schwellenwertkurve, denn je empfindlicher wir für eine Ortsfrequenz sind, umso weniger Kontrast ist nötig, um sie aufzulösen. Abb. 6-14 zeigt eine solche Sichtbarkeitskurve für einen durchschnittlichen Erwachsenen. Auf der x-Achse sind die Ortsfrequenzen in Linienpaaren pro Grad abgetragen, auf der linken y-Achse die Kontrast-Schwellenwerte und auf der rechten y-Achse die Kontrastempfindlichkeitswerte (1/Schwellenwert, alle logarithmisch). An der Kurve können wir ab-

Visuelle Schärfe

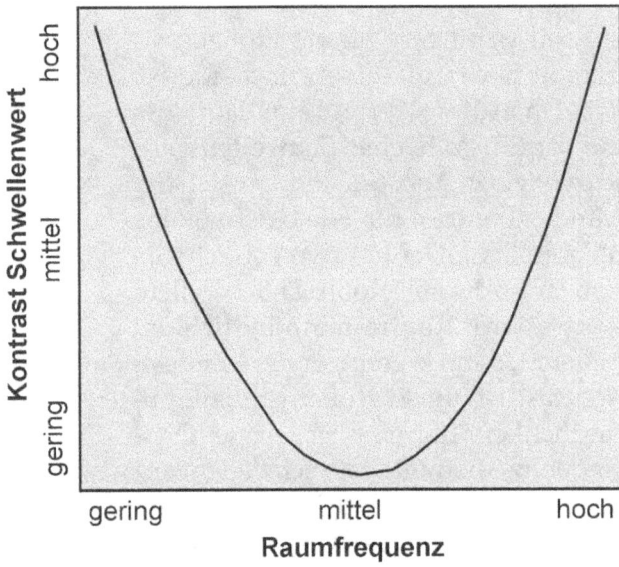

Abb. 6-13: Schwellenwertkurve (2)

Abb. 6-14: Kontrastempfindlichkeitskurve
Die untere X-Achse zeigt die Ortsfrequenz in Zyklen pro 1°. Die linke Y-Achse gibt den Kontrast-Schwellenwert an, die Rechte die Kontrast-Empfindlichkeit. Hierbei ist zu beachten, dass Letztere der Kehrwert des Schwellenwertes (1/Schwellenwert) ist. Je geringer also der Kontrast sein kann, um das Gitter aufzulösen (der Schwellenwert), umso größer ist die Empfindlichkeit. Beträgt der Kontrast-Schwellenwert z.B. 0,1, so ist die Empfindlichkeit 1/0,1=10. Für den Schwellenwert von 0,01 ergibt sich 1/0,01=100 und so weiter (4).

lesen, daß das Auflösungsvermögen bei der Reduzierung des Kontrasts auf $^{1}/_{10}$ des Maximalwerts bereits auf 65% sinkt und bei Verminderung auf $^{1}/_{100}$ nur noch 15% beträgt. Darüber hinaus zeigt sie uns, daß wir in der Spitze, bei einem Kontrastempfindlichkeitswert von 500, einen Kontrast von nur 1/500 oder 0,2 % wahrnehmen. Das heißt wir können Linienpaare unterscheiden, die einen Unterschied von nur 0,2 % relativ zur durchschnittlichen Helligkeit aufweisen.

Die von den Herren Campbell und Robson geschaffenen Abb. 6-15 zeigt die Sichtbarkeitskurve in einer intuitiv verständlichen Gestalt. Entlang der horizontalen Achse sind die Helligkeit sinusförmig und die Ortsfrequenz logarithmisch moduliert.

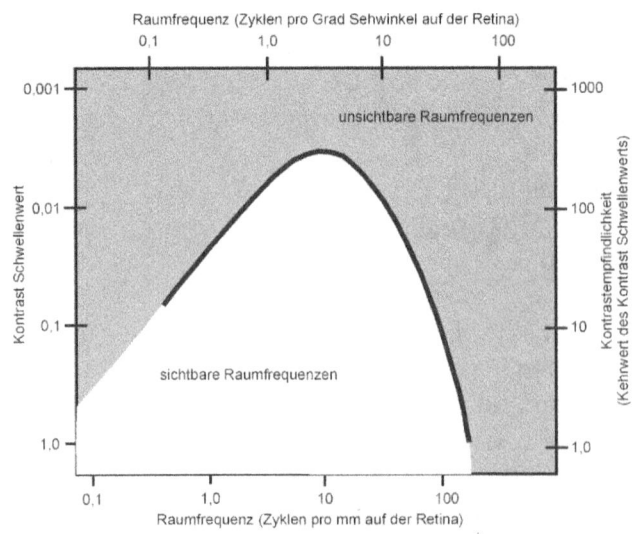

Das Auflösungsvermögen des visuellen Systems
Der Kontrast

Entlang der Vertikalen variiert der Kontrast ebenfalls logarithmisch von 100% bis 0,5%. Folgt man einem beliebigen horizontalen Pfad durch die Abbildung, so bleibt die Helligkeit des schwarz-weißen Gitters konstant. Sollte also die Kontrastwahrnehmung einzig vom Bildkontrast abhängen, so müssten die abwechselnd schwarzen und weißen Linien überall im Bild gleich hoch sein. Sie sind es aber nicht. In der Bildmitte erscheinen sie höher als zu den beiden Rändern hin und diese umgekehrte U-Form stellt unsere Kontrastempfindlichkeits Funktion dar. Die genaue Position der Spitze hängt dabei vom Betrachtungsabstand ab. – Variieren Sie ihn mal, um es selbst zu sehen und beachten Sie, wie sich die wahrgenommene Lage der Spitze verändert. Die umgekehrte U-Form ist also kein Attribut der Abbildung, sondern reflektiert eine Eigenschaft **Ihres** visuellen Systems.

Neurophysiologisch hat die Form der Kontrastempfindlichkeitskurve mehrere Gründe.

Der hochfrequente Abbruch ist in der Hauptsache auf die begrenzte Packungsdichte der Photorezeptoren auf der Netzhaut (eine feinere Matrix könnte feinere Gittermuster auflösen) und zu einem geringeren Teil auf die selten perfekten Augenlinsen und unvermeidliche Abbildungsfehler durch

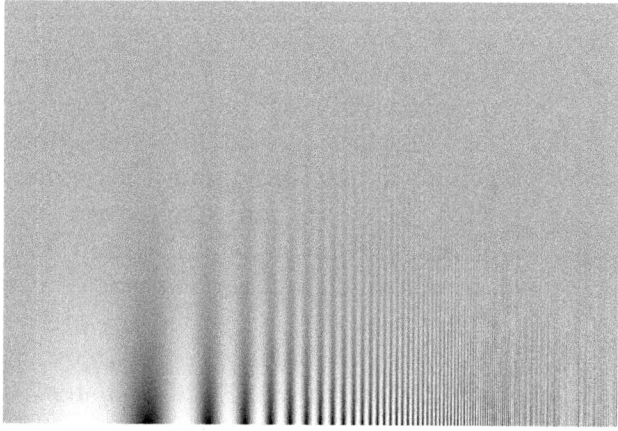

Abb. 6-15: Campbell-Robson CSF Chart Luminanz (3)

Beugung und Aberration zurückzuführen.

Der Empfindlichkeitsrückgang im Bereich der niedrigen Frequenzen ist der Architektur der retinalen Ganglienzellen geschuldet. Sie sind in ein Zentrum und ein Umfeld gegliedert (Center-Surround Organisation), die durch Lichteinfall entweder gehemmt oder erregt werden. Diese Art der Informationsverarbeitung ist von grundlegender Bedeutung für die Funktion des visuellen Systems, denn sie macht es unabhängig von globalen Helligkeitsänderungen und empfindlich für scharfe Übergänge, also Kanten und begegnet uns auch an vielen anderen Stellen wieder. Große, als Center-Surround organisierte, rezeptive Felder (jener Teil der Retina, den die Rezeptoren abdecken) reagieren

Visuelle Schärfe

am besten auf geringe Ortsfrequenzen, kleine Felder auf hohe Ortsfrequenzen. Passt der helle Teil eines auf der Retina abgebildeten Sinusgitter genau in die erregende Zellregion, wird die Ganglienzelle darauf mit einem starken Signal antworten. Wir könnten auch sagen, daß sie auf diese Raumfrequenz am besten anspricht. Im Fall von niedrigen Ortsfrequenzen, die durch grobe Gittermuster repräsentiert werden, fallen die hellen Streifen sowohl auf die erregenden als auch auf die hemmenden Zellregionen und die Antwort der Zelle ist null. Da die Größe der rezeptiven Felder begrenzt ist, ist es auch unsere Empfindlichkeit für grobe Strukturen. Und da die Anzahl der Zellen für die verschieden großen rezeptiven Felder unterschiedlich ist, ist auch unsere Wahrnehmungsfähigkeit der verschiedenen Frequenzen unterschiedlich ausgeprägt. Aufgrund dieser Strukturierung haben wir es mit mehreren unterschiedlich empfindlichen Wahrnehmungskanälen zu tun, die sich nach außen in der Kontrastempfindlichkeitsfunktion manifestieren.

Die Farbe

Der farbempfindliche Was-Kanal des visuellen Systems weist gegenüber dem nur auf Helligkeitsunterschiede ansprechenden Wo-Kanal eine mar-

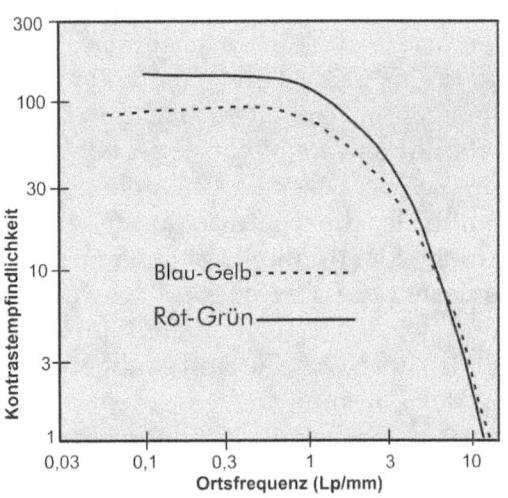

Abb. 6-16: Kontrastempfindlichkeit der Farbkanäle Blau-Gelb und Rot-Grün (4)

kant andere Kontrastempfindlichkeit auf. Wie Abb. 6-16 zeigt, ist sie bei geringen Frequenzen (groben Merkmalen) am höchsten und fällt für kleine Details schnell ab. Das bedeutet wir können Differenzen einer Szene, die sich nur in der Farbe unterscheiden, weit weniger gut auseinanderhalten als solche, die auch oder nur einen Helligkeitsunterschied aufweisen. Diese Charakteristik ergibt sich, weil der farbenblinde Wo-Kanal die Potentiale aller drei Photorezeptortypen vereinigt, während in den Gegenfarbkanälen des Was-Systems nur die Informationen von jeweils zwei Rezeptortypen zusammenlaufen. Zudem kommen die für den langwelligen roten, mittelwelligen grünen und kurzwelligen blauen Bereich des Spektrums zuständigen Rezeptoren in stark abnehmender Anzahl vor, so daß das räumliche Auflösungsvermögen entsprechend geringer ausfällt. Wie sich das praktisch bemerkbar macht, können Sie selbst an den Abb. 6-17 und 6-18 ausmachen, wenn Sie sie unmittelbar mit Abb. 6-15 vergleichen.

Das Gesamtauflösungsvermögen des visuellen Systems

Nachdem wir nun die einschränkenden Größen unseres Auflösungsvermögens kennen, interessiert uns natürlich das Ergebnis ihres Zusammenwirkens. Leider läßt es sich nicht durch Multiplikation der Einzelwerte errechnen, denn diese wirken sich je nach Individuum unterschiedlich stark aus. Glücklicherweise können wir den **Visus**, wie das Auflösungsvermögen bzw. die Sehschärfe genannt wird, aber im Gegensatz zu vielen anderen Parametern unseres visuellen Systems, die sich aufgrund ihrer Natur als Empfindungsgrößen nur in Vergleichswer-

Abb. 6-17: Campbell-Robson CSF Chart Rot-Grün
Abb. 6-18: Campbell-Robson CSF Chart Blau-Gelb
(3). Die Empfindlichkeit für niedrige Ortsfrequenzen ist höher als in Abb. 6-15. Dafür sind hohe Frequenzen etwas weniger gut erkennbar (oben) bzw. sehr viel weniger gut erkennbar (unten)

ten fassen lassen, auf direktem Weg messen. Dazu dient die schon angesprochene Bestimmung der **Kontra-**

Visuelle Schärfe

stempfindlichkeitsfunktion und der klassische **Sehtest**.

Abb. 6-14 verrät, daß wir im Hinblick auf das Auflösungsvermögen im Helligkeitsbereich (Schwarzweißgittermuster) von **60 Linienpaaren pro Grad Sehwinkel** auf der Retina als Maximalwert bei Menschen mittleren Alters ausgehen dürfen. Am ausgeprägtesten ist die Kontrastempfindlichkeit in der Gegend von 4 Lp/Grad. Bei dieser Ortsfrequenz können wir die geringsten Kontrastunterschiede wahrnehmen. Wenn Farbe ins Spiel kommt, können wir der Abb. 6-16 entnehmen, daß das Auflösungsvermögen für rotgrüne bzw. blaugelbe Gittermuster auf maximal **11 Linienpaare pro Grad Sehwinkel** abfällt, also nur noch gut ein Fünftel des Luminanzwerts beträgt.

Nun handelt es sich dabei um Durchschnittswerte. Wenn Sie wissen wollen, wie groß Ihr persönliches Auflösungsvermögen ist, können Sie beim Augenarzt oder Optiker Ihres Vertrauens einen **Sehtest** machen lassen und den Wert wie nachstehend beschrieben in Linienpaare pro Grad Sehwinkel umrechnen. Sie wissen dann unabhängig vom Durchschnittswert über Ihre eigenen physiologischen Voraussetzungen Bescheid und können Ihre persönliche maximale Bildauflösung ausrechnen. Damit sind Sie für die in den folgenden Abschnitten zur Sprache kommende Umsetzung der Sehschärfe in der Bildreproduktion gut gerüstet.

Beim **Sehtest** müssen gedruckte oder projizierte Norm-Sehzeichen, die in Größe, Helligkeit, Form und Kontrast genau definiert sind, unterschieden werden. Sehzeichen können bestimmte Buchstaben, Zahlen oder, am weitesten verbreitet, der sogenannte **Landoltring** sein. Dabei handelt es sich um einen Kreis mit einer Öffnung, deren Größe exakt $^1/_5$ des Kreisdurchmessers beträgt und die in acht aufeinanderfolgenden Abbildungen in jeweils um 45° zueinander versetzte, Richtungen weist. Durch das Erkennen der Richtung, in die die Öffnung zeigt, weist der Proband nach, daß sein visuelles Auflösungsvermögen mindestens der Breite der Lücke entspricht.

Als Testergebnis wird der Visus in der Regel als Bruch angegeben in dessen Zähler die Ist-Entfernung steht (die, aus der der Proband das Zeichen erkennt) und dessen Nenner die Normentfernung angibt (die, aus der ein Mensch mit der Sehschärfe 1,0 bzw. 100 % das Zeichen erkennen könnte). Alternativ kann der Visus auch als Dezimalzahl ausgedrückt werden. Erkennt ein Proband also ein Sehzeichen für das die Normentfernung 6 Meter beträgt aus genau dieser Distanz, so beträgt seine Sehschärfe 6/6 oder 1,0.

Erkennt er dagegen Eines für das die Normentfernung 15 Meter beträgt aus einer Distanz von nur 6 Metern, so beträgt seine Sehschärfe 6/15 oder 0,4.

Aus einer Vielzahl dieser Tests hat sich ein Auflösungsvermögen von **1 Bogenminute** (1/60°) als zuverlässiger Durchschnittswert für normalsichtige Menschen mittleren Alters ergeben. Deswegen geht der Sehtest von dieser Auflösungs-Sehschärfe als 100% (bzw. 6/6 oder 1,0) aus. Jüngere können eine um bis zu 50% bessere Sehschärfe besitzen, bei Älteren kann sie aufgrund der Degeneration von Hornhaut, Linse oder Netzhaut um bis zu 50% unter den Durchschnitt sinken.

Praktisch bedeutet das Maß von 1 Bogenminute, daß jemand mit dieser Sehschärfe zwei Punkte in einer Entfernung D von 200 mm als getrennt unterscheiden kann, wenn sie 0,0582 mm auseinander liegen. Die genannte Distanz ist insoweit wichtig, als daß sie die durchschnittliche Naheinstellgrenze eines normalsichtigen Erwachsenen darstellt:

$$\pi/(60*180) = 0,000291 \, rad$$

$$0,000291 * D$$
$$= 0,000291 * 200 mm$$
$$= 0,0582 mm$$

Mit zwei weiteren Berechnungen können wir diesen Wert auf das aus dem Abschnitt „Der Kontrast" bekannte Gittermuster mit unterschiedlichen Raumfrequenzen pro Millimeter bzw. pro Grad Sehwinkel (Lp/mm; Lp/°) beziehen.

Berechnung der Anzahl Linienpaare pro Millimeter:

$$0,0582 \, mm * 2 = 0,1164 \, mm/Lp$$
$$1 \, mm / 0,1164 \, mm = 8,6 \, Lp/mm$$

Berechnung der Anzahl Linienpaare pro Grad Sehwinkel:

Formel 3

$Linienpaare/°$

$= 600 / Snellen\text{-}Nenner$

$Für \, Visus \, 20/20 = 600/20 = 30 \, Lp/°$

$Für \, Visus \, 20/10 = 600/10 = 60 \, Lp/°$

Umgekehrt läßt sich natürlich auch aus der Anzahl Linienpaare/° auf den Visus schließen:

Formel 4

$Snellen - Nenner = 600 / Anzahl \, Lp/°$

Visuelle Schärfe

Bezogen auf die Kontrastempfindlichkeitsfunktion bedeuten diese Zahlen, daß jemand mit dem durchschnittlichen Auflösungsvermögen 20/20 bei Kontrastreduzierung auf $1/_{10}$ des Maximalwerts nur noch gute 20 Lp/°, bei Verminderung auf $1/_{100}$ nur noch 4,5 Lp/° auflösen kann. Mit dem annähernd besten Visus 20/10 ergeben sich 40 Lp/° bzw. 9 Lp/°.

Um Ihr persönliches maximales Auflösungsvermögen zu berechnen, ermitteln Sie zuerst Ihre eigene Naheinstellgrenze D, indem Sie messen, aus welcher Mindestentfernung Sie beispielsweise eine Buchseite noch scharf erkennen können. Dann lassen Sie beim Augenarzt Ihres Vertrauens einen Sehtest machen und setzen das Ergebnis in Formel 3 ein, um die Anzahl Linienpaare pro Grad zu errechnen:

$D = \ldots\ldots mm$

$Linienpaare/°$
$= 600 / Snellen\text{-}Nenner$
$Linienpaare/°$
$= 600 / \ldots\ldots = \ldots\ldots Lp/°$

Nun setzen Sie die beiden zuvor ermittelten Werte in die folgende Formel ein und errechnen die Anzahl Linienpaare/mm für Ihre Naheinstellgrenze D:

Lp/mm
$= Lp/° * (180/\pi) * (1/D)$
$= \ldots\ldots * 57{,}296 * \ldots\ldots = \ldots\ldots$

Die Konturenschärfe

Wie scharf, wie klar und deutlich uns die so fein gerasterten Objektkanten erscheinen, hängt vom Erregungszustand der Center/Surround Zellen ab. Ihr Ausgabesignal ist umso größer, je geringer die Hemmung im Zellrand ausfällt, je größer also der Helligkeitsunterschied/Kontrast auf den beiden Seiten der Objektkante ist (siehe „Zweiter Schritt – Beginn der Informationsverarbeitung" (S. 20 ff). Um Ihnen das Zurückblättern zu ersparen, rekapituliere ich nochmal kurz.

Betrachten Sie einmal Abb. 6-19. Da ist eine Abfolge von Flächen unterschiedlicher Graufärbung dargestellt, die in sich keine Farbgraduierung besitzen. Trotzdem fällt Ihnen sicher auf, daß die einzelnen Streifen als Verläufe

Die Konturenschärfe

von hell nach dunkel erscheinen und der Helligkeitsunterschied an den Grenzen verstärkt ist. Dieser Effekt wird nach seinem Entdecker, dem Physiker und Philosophen Ernst Mach (1838-1916), als **Machsche Streifen** bezeichnet und es war lange unklar, wie sie entstehen.

Die Erklärung und gleichzeitig die Erkenntnis, daß Sehen mehr ist als die bloße Beförderung des Retinabildes an eine Stelle im Gehirn an der es betrachtet wird, haben wir Stephen Kuffler (1913-1980) zu verdanken. Seine Forschungen brachten den Beweis dafür, daß Sehen ein Prozess der Informationsverarbeitung ist, denn er entdeckte in den 1950er Jahren den ersten und wichtigsten Schritt dieser Kaskade. Er zeichnete die Aktivität retinaler Ganglienzellen auf und stellte fest, daß er sie mit kleinen Lichtpunkten zum „feuern" anregen konnte. Natürlich war schon lange klar, daß das Auge auf Licht reagiert, aber Kuffler ging sehr systematisch vor und erkannte, daß die Zellen umso besser reagierten, je kleiner der reizende Lichtpunkt war. Aus dem Umstand, daß große Punkte weniger effektiv waren als kleine, schlußfolgerte er, daß die Ganglienzellen durch das auf die Zentren ihrer rezeptiven Felder einfallende Licht nicht nur erregt, sondern gleichzeitig gehemmt wurden, wenn Licht auf die

Abb. 6-19: Machsche Streifen

unmittelbare Umgebung der Zentren fiel (Kuffler 1953).

Dieser Zellorganisation wird Center/Surround genannt und ist von fundamentaler Bedeutung für die Reizverarbeitung im Nervensystem, denn sie macht die Zellen empfindlich für die Unterbrechungen der Lichtmuster im Retinabild (die Kanten und Grenzflächen der Objekte) und unempfindlich gegen Änderungen der absoluten Lichtmenge bzw. deren stufenweise Veränderung, die beide von weniger großer Bedeutung sind. Eine ganze Anzahl visueller Wahrnehmungen, beispielsweise Helligkeit, Farbe, Bewegung und räumliche Tiefe basiert auf der Center/Surround Organisation.

Mit der Center/Surround Organisation lassen sich die Machschen Streifen anhand Abb. 6-21 wie folgt erklären: Zelle A wird durch den im Vergleich

Visuelle Schärfe

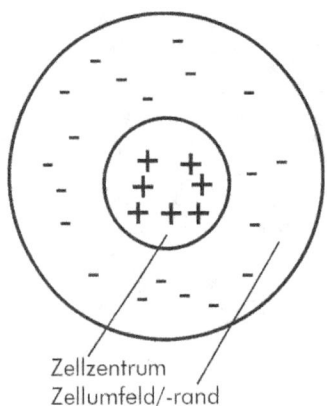

Abb. 6-20: Eine retinale Ganglienzelle in Center/Surround Organisation. Die Plus- und Minuszeichen zeigen an, welche Bereiche ihres rezeptiven Feldes wie auf Licht reagieren.

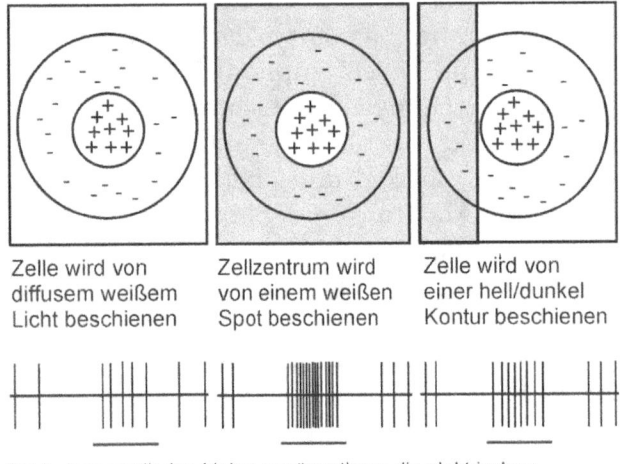

Zelle wird von diffusem weißem Licht beschienen

Zellzentrum wird von einem weißen Spot beschienen

Zelle wird von einer hell/dunkel Kontur beschienen

Die kurzen vertikalen Linien repräsentieren die elektrischen Signale der Zelle, jede steht für ein Aktionspotential. Die kurzen horizontalen Linien stehen für die Zeit, in der die Zelle belichtet wurde.

Abb. 6-21: Center/Surround Verarbeitung als Erklärung der Machschen Streifen

dunkelsten Streifen am wenigsten erregt. Das rezeptive Feld von Zelle B fällt dagegen auf den hellsten Streifen, wodurch sie am stärksten erregt wird. Das positiv auf Lichteinfall reagierende Zentrum von Zelle C fällt vollständig in den dunkelsten ersten Streifen, ihr negativ reagierendes Umfeld liegt demgegenüber zu einem Teil innerhalb des etwas helleren zweiten Streifen. Aus diesem Grund generiert das Umfeld eine hemmende Reaktion, die die Zelle im Ergebnis einen dunkleren Streifen „sehen" läßt als jene Zellen, deren rezeptive Felder komplett innerhalb desselben Streifens liegen (beispielsweise Zelle A). Das umgekehrte Phänomen erkennen wir an Zelle D. Ihr positiv auf Licht reagierendes Zentrum liegt ganz im dritten hellsten Streifen, ihr negativ antwortendes Umfeld zu einem Teil im dunkleren Mittelstreifen. Auch hier generiert das Umfeld eine hemmende Reaktion, die die Zelle diesmal einen helleren Streifen „sehen" läßt als Zelle B.

Ganz präzise ist die Kontrastverstärkung (daß die Innenkanten dunkler und die Außenkanten heller erscheinen) an den Grenzen zwischen den einzelnen Streifen in Abb. 6-19 auf die Konkurrenz zwischen Zellen, deren rezeptive Felder ganz innerhalb eines Streifens liegen und solchen, deren rezeptive Felder zu einem Teil im

Die Konturenschärfe

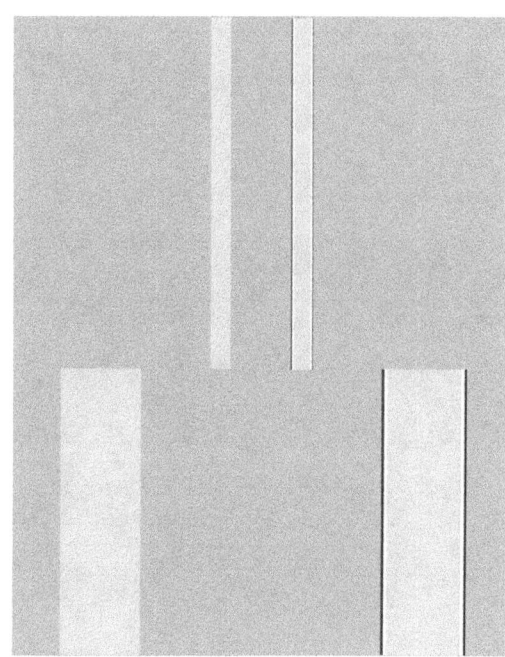

Abb. 6-22: Kontrasterhöhung

linken Seite zeigt den direkten Übergang zum dunkelgrauen Hintergrund und ist damit so scharf gezeichnet, wie es die Auflösung erlaubt. Die rechte Linie ist dagegen mit einem 1 Pixel breiten dunklen Übergang auf der Außenseite und einem ebenfalls 1 Pixel breiten hellen Übergang auf der Innenseite versehen (siehe Vergrößerung unten). Dies mindert zwar die Auflösung und damit die tatsächliche Schärfe, weil der Übergang nun über einen breiteren Bereich stattfindet, befördert aufgrund des größeren Kontrastes aber die wahrgenommene Kantenschärfe.

jeweils anderen Streifen liegen zurückzuführen. Die wahrgenommenen Helligkeitsverläufe innerhalb der Streifen rühren daher, daß die Zellen mit zunehmender Entfernung zur Kante immer weniger und irgendwann gar nicht mehr von ihrem Umfeld gehemmt werden und so eine feine Treppenbildung entsteht.

Abb. 6-22 zeigt ein Beispiel dafür, wie wir die Center/Surround Organisation durch einfache Kontrasterhöhung an einer Kante nutzen können, um die wahrgenommene Schärfe zu steigern. Die hellgraue Linie auf der

7 Anhang

Inhalt

Anmerkungen
Literaturverzeichnis
Tabellenverzeichnis
Stichwortverzeichnis

Anhang

Anmerkungen Kapitel 1
(1) Nach Daten aus: Bowmaker, Dartnall 1980

Anmerkungen Kapitel 2
(1) Nach Daten aus: von Helmholtz 1867 S. 291

(2) Nach Daten aus: Bowmaker, Dartnall 1980

Anmerkungen Kapitel 3
(1) Nach Daten aus: Bowmaker, J.K., Dartnall, H.J.A. (1980)

(2) Nilson, C. D., Darling, R. B., Pinter, R.B.: Shunting neural network photodetector arrays in analog CMOS. *IEEE Journal of Solid State Circuits* Nr. 10: S. 1291-1296 (1994)

(3) Carmona, R. et al: *Bioinspired CMOS Photosensor Adaptation using Local Luminance Feedback*. Instituto de Microelectronica de Sevilla, http://www.imse.cnm.es/locust/publications/conferences/CNNA04_IMSE.pdf

(4) Meylan, L. et al: *A Model of Retinal Local Adaptation for the Tone Mapping of Color Filter Array Images*. http://david.alleysson.free.fr/Publications/Josa07Final.pdf

(5) Pugh, E. Jr., Lamb, T.: Cyclic GMP and calcium: the internal messengers of excitation and adaptation in vertebrate photoreceptors. *Vision Research* Nr. 30: S. 1923-1948 (1990)

(6) Nach Daten aus: Schreiber, W. F. in *Fundamentals of Electronic Imaging Systems*. Springer Verlag, Berlin (1993)

Anmerkungen Kapitel 4
(1) Nach Daten auf http://hyperphysics.phy-astr.gsu.edu/hbase/vision/rodcone.html

(2) Nach Daten von Peter Wenderoth auf http://vision.psy.mq.edu.au/~peterw/csf.html

(3) Erstellt mit dem in Pelli, D. G.: Programming in PostScript: imaging on paper from a mathematical description. *Byte* Nr. 12: S. 185-202 (1987) beschriebenen PostScript-Programm

(4) Nach Daten von Mullen, K. T. *Journal of Physiology* Nr. 359: S. 381-400 (1985)

Anmerkungen, Literaturverzeichnis

Anmerkungen Kapitel 5
Nach Daten aus: S.S. Stevens, The surprising simplicity of sensory metrics, *American Psychologist*, No 17: S. 29-39 (1962)

Anmerkungen Kapitel 6
(1) Nach Daten auf http://hyperphysics.phy-astr.gsu.edu/hbase/vision/rodcone.html

(2) Nach Daten von Peter Wenderoth auf http://vision.psy.mq.edu.au/~peterw/csf.html

(3) Erstellt mit dem in Pelli, D. G.: Programming in PostScript: imaging on paper from a mathematical description. *Byte* Nr. 12: S. 185-202 (1987) beschriebenen PostScript-Programm

(4) Nach Daten von Mullen, K. T. *Journal of Physiology* Nr. 359: S. 381-400 (1985)

Literaturverzeichnis

Visuelle Wahrnehmung allgemein
Barlow, H. B., Mollon, J.: *The Senses*. Oxford University Press (1982)

Berkeley, G.: *Versuch über eine neue Theorie des Sehens*. Meiner (1987)

Bruce, V., Green, P. R., Georgeson, M.: *Visual perception: physiology, psychology and ecology*. LEA (1996)

Campenhausen, C. von: *Die Sinne des Menschen. Band 1: Einführung in die Psychophysik der Wahrnehmung*. Thieme (1981)

Cornsweet, T. N..: *Visual Perception*. Academic Press (1970)

Frisby, J. P.: *Seeing: Illusion, Brain And Mind*. Oxford University Press (1980)

Gregory, R. L.: *Auge und Gehirn*. Rowohlt (2001)

Harris, C. S.: *Visual Coding and Adaptability*. Erlbaum (1980)

Held, R. (Hrsg.): *Recent Progress in Perception*. Freeman (1976)

Held, R., Richards, W.: *Perception: Mechanisms and Models*. Freeman (1972)

Kaufman, L.: *Sight and Mind: an Introduction to Visual Perception*. Oxford University Press (1974)

Anhang

Levine, M. W.: Shefner, J. M.: *Fundamentals of Sensation and Perception*. Addison-Wesley (1981)

Livingstone, M. S., Hubel, D. H.: Psychophysical evidence for separate channels for the perception of form, colour, movement and depth. *Journal of Neuroscience* Nr. 7: S. 3416-3468 (1987)

Milner, P., Goodale, M. A.: *The visual brain in action*. Oxford University Press (1995)

Riggs, L. A., Ratliff, E., Cornsweet, T. N.: The disappearance of steadily fixated visual test objects. *Journal of the Optical Society of America* Nr. 43: S. 459 (1953)

Rock, I.: *An Introduction to Perception*. Macmillan (1975)

Sekuler, R., Blake, R.: *Perception*. McGraw Hill (1994)

Wallach, H.: *On Perception*. Quadrangle Books (1976)

Neurophysiologie

Godde, B., Dinse, H.: Plasticity of orientation preference maps in the visual cortex of adult cats. *Proceedings of the National Academy of Sciences* Bd. 99: S. 6352-6357

Blakemore, C.: *Mechanics of the Mind*. Cambridge University Press (1977)

Blakemore, C., Tobin, E. A.: Lateral Inhibition between orientation detectors in the cats visual cortex. *Experimental Bain Research* Nr. 15: S.439-440 (1972)

Blakemore, C., Cooper, G. C.: Development of the brain depends on the visual environment. *Nature* Nr. 228: S. 477-478 (1970)

Carter, R.: *Mapping the Mind*. University of California Press (1998)

Cynander, M., Timney, B. N., Mitchell, D. E.: Period of susceptibility of kitten visual cortex to the effects of monocular deprivation extends beyond six months of age. *Brain Research* Nr. 191: S. 545-550 (1980)

Dawkins, R., Norton, W. W.: *Climbing Mount Improbable*. Rowohlt (1998)

Dowling, J. E.: *The retina – an approachable part of the brain*. Harvard University Press (1987)

Düweke, P.: *Kleine Geschichte der Gehirnforschung - Kurzbiographien wichtiger Hirnforscher von René Descartes über Cécile und Oskar Vogt bis zu John Eccles*. C.H. Beck (2001)

Edelmann, G. M.: *Gehirn und Geist. Wie aus Materie Bewusstsein entsteht*. dtv (2004)

Literaturverzeichnis

Edelmann, G. M.: *Unser Gehirn - ein dynamisches System: Die Theorie des neuronalen Darwinismus und die biologischen Grundlagen der Wahrnehmung.* Piper (1993)

Foley, J. P. jr.: An experimental investigation of the effects of prolonged inversion of the visual field in the rhesus monkey. *Journal of Genetics and Psychology* Nr. 56: S. 21-55 (1940)

Gegenfurtner, K. R.: *Gehirn & Wahrnehmung.* Fischer Taschenbuch Verlag (2003)

Greenfield, A.: *Reiseführer Gehirn.* Spektrum Akademischer Verlag (2003)

Gregory, R. L.: *The Oxford Companion the the Mind.* Oxford University Press (1987)

Hubel, D. H.: *Eye, Brain and Vision.* Scentific American Library (1995)

Hubel, D. H., Wiesel, T. N.: Receptive fields and functional architecture in two non-striate visual areas (18 and 19) of the cat. *Journal of Physiology* Nr. 28 (1965)

Hubel, D. H., Wiesel, T. N.: Receptive fields of single neurons in the cat's striate cortex. *Journal of Physiology* Nr. 148 (1959)

Hubel, D. H., Wiesel, T. N.: Receptive fields, binocular interaction and functional architecture in the cat's visual cortex. *Journal of Physiology* Nr. 160 (1962)

Hubel, D. H.: *Effects of deprivation on the visual cortex of cat and monkey.* In: Harvey Lectures, Series 72, Academic Press (1978)

Hüther, G.: *Bedienungsanleitung für ein menschliches Gehirn.* Vandenhoeck & Ruprecht (2002)

Jung, R., Kornhuber, H. H. (Hrsg): *Neurophysiologie und Psychophysik des visuellen Systems.* Springer (1961)

Kuffler, S. W., Nicholls, J. G.: *From Neuron to Brain.* Sinauer (1976)

Kuffler, S.: Discharge patterns and functional organization of the mammalian retina. *Journal of Neurophysiology* Nr 16 (1953)

Merlin, D.: *Origins of Modern Mind: Three Stages in the Evolution of Culture and Cognition.* Harvard University Press (1991)

Mishkin, M., Ungerleider, L. G., Macko, K. A.: Object vision and spatial vision: Two central pathways. *Trends in Neuroscience* Nr. 6: S. 414-417 (1983)

O'Shea, M.: *Das Gehirn, Eine Einführung.* Reclam, Stuttgart (2008)

Schmidt, R. F., Schaible, H. G.: *Neuro- und Sinnesphysiologie.* Springer (2001)

Anhang

Singer et all: *Neuronal representations and temporal codes.* In: Poggio, T. A. & Glaser, D. A. (Hrsg.) Exploring brain functions: Models in neuroscience (1993)

Tovee, M. J.: *The Speed of Thought. Information Processing in the Cerebral Cortex.* Springer Verlag (1987)

Ungerleider, L. G., Haxby, J. V., „What" and „where" in the human brain. *Current Opinion in Neurobiology* Nr. 4: S. 157-165 (1994)

Yarbus, D. L.: *Eye movements and vision.* Plenum Press (1967)

Zeki, S. M.: *A vision of the brain.* Blackwell (1993)

Zeki, S.: *Inner Vision.* Oxford University Press (2003)

Raum- und Tiefenwahrnehmung

Barlow, H.B., Blakemore, C., Pettigrew, J.D.: The neural mechanism of binocular depth discrimination. *Journal of Physiology* Nr. 193 (1967)

Blake, R., Hirsch, H.: Deficits in binocular depth perception in cats after alternating monocular deprivation. *Science* Nr. 190 (1975)

Braunstein, M. L.: *Depth Perception through Motion.* Academic Press (1976)

Gibson, E. J., Walk, R. D.: The „Visual Cliff". *Scientific American* Nr. 202: S. 64-71 (1960)

Hochberg, J.: *Perception II: Space and Movement.* In: Kling, J. W., Riggs, L. A. (Hrsg.) Woodworth and Schlossberg's Experimental Psychology. Holt, Rinehart & Winstone (1971)

Holway, A. H.: Boring, E. G. Determinates of apparent visual size wirh distance varients. *American Journal of Psychology* Nr. 54: S. 21-37

Howard, I. P., Rogers, B. J.: *Binocular vision and stereopsis.* Oxford University Press (1995)

Hubel, D. H., Wiesel, T. N.: Cells sensitive to binocular depthin area 18 of the macaque monkey cortex. *Nature* Nr. 225 (1970)

Kaufman, L., Rock, I.: The Moon Illusion. *Scientific American* Nr. 207: S. 120-130 (1962)

Ogle, K. N.: *Researches in binocular vision.* Saunders (1950)

Plug, C., Ross, H.: The natural moon illusion: A multifactor angular account. *Perception* Nr. 23: S. 321-338 (1994)

Literaturverzeichnis

Farbwahrnehmung

Boynton, R. W.: *Human Color Vision*. Holt, Rinehard and Winston (1979)

Clulow, F. W.: *Colour its principles and their application*. Fountain Press (1972)

Daw, N. W.: The psychology and physilogy of colour vision. *Trends in Neuroscience* Nr. 7: S. 330-335 (1984)

Daw, Nigel W.: Goldfish Retina: Organization for Simultaneous Color Contrast. *Science* Nr. 158 (3803) (1967)

De Valois, R.L., Smith, C. J., Kitai, S.T., Karoly, A. J.: Electrical responses of primate visual system. 1. Different layers of macaque lateral geniculate nucleus. *Journal of Comparative Physiology* Nr. 51 (1958)

De Valois, R.L., Smith, C. J., Kitai, S.T., Karoly, A. J.: Responses of single cells in different layers of the primate lateral geniculate nucleus to monochromatic fight. *Science* Nr. 127 (1958)

Desimone, R., Schein, S.J.: Visual properties of neurons in area V4 of the macaque: sensitivity to stimulus form. *Journal of Neurophysiology* Nr. 57 (1987)

DeValois, R.: Color vision mechanisms in monkey. *Journal of General Physiology* Nr. 43: S. 115-128 (1960)

Evans, R. M.: *The perception of color*. Wiley (1974)

Gegenfurtner, K. R., Hawken, M. H.: Interaction of motion and color in the visual pathways. *Trends in Neurosciences* Nr. 19 (1996)

Gegenfurtner, K. R., Kiper, D. C., Fenstemaker, S. B.: Processing of color, form, and motion in macaque area V 2. *Visual Neuroscience* Nr. 13 (1) (1996)

Gegenfurtner, K.R., Rieger, J.: Sensory and cognitive contributions of color to the recognition of natural scenes. *Current Biology* Nr. 10 (2000)

Hering, E.: *Grundzüge der Lehre vom Lichtsinn*. In: Handbuch der gesamten Augenheilkunde Bd 3, Kap 13, Verlag W. Engelmann (1905)

Hubel, D. H., Wiesel, T. N.: Effects of varying stimulus size and color on single lateral geniculate cells in Rhesus monkeys. *Proceedings of the National Academy of Sciences of the United States of America* Nr. 55(6) (1966)

Hubel, D. H., Wiesel, T. N.: Spatial and chromatic interactions in the lateral geniculate body of the rhesus monkey. *Journal of Neurophysiology* Nr. 29(6) (1966)

Anhang

Hurvich, L. M.: *Color Vision*. Sinauer Associates Inc. (1981)

Ingle, D.: The goldfish as a Retinex animal. *Science* Nr. 227: S. 651-654 (1985)

Land, E. H.: An alternative technique for the computation of the designator in the Retinex theory of color vision. *Proceedings of the National Academy of Science* Nr. 83: S. 3078-3080 (1986)

Land, E. H.: Recent advances in retinex theory. *Vision Research* Nr. 26: S. 7-21 (1986)

Land, E., McCann J. J.: Lightness and Retinex Theory. *Journal of the Optical Society of America* Nr. 61 (1971)

Livingstone, M. S., Hubel, D. H.: Anatomy and physiology of a colour system in the primate visual cortex. *Journal of Neuroscience* Nr. 4: S. 309-356 (1984)

Sacks, O.: *Eine Anthropologin auf dem Mars*. Rowohlt (2001)

Schiller, P. H.; Logothetis, N. K. & Charles, E. R.: Functions of the colour-opponent and broad-band channels of the visual system. *Nature* Nr. 343 (1990)

Shapley, R.: Visual sensitivity and parallel retinocortical channels. *Annual Review of Psychology* Nr. 41 (1990)

Svaetichin, G.: Spectral response curves from single cones. *Acta Physiologica Scandinavica* Nr. 39, Suppl. 134 (1956)

Zeki, S. M.: Colour coding in rhesus monkey prestriate cortex. *Brain Research* Nr. 53 (1973)

Zeki, S.M. et al: The colour centre in the cerebral cortex of man. *Nature* Nr. 340 (1989)

Kontrastempfindlichkeit

Arden G. B.: The importance of measuring contrast sensitivity in cases of visual disturbances. *British Journal of Ophthalmology* Nr. 65: S. 198-209 (1978)

Bex, P.: *Contrast Sensitivity*, In: Dartt, D. A. (Hrsg.) Encyclopedia of the Eye, Academic Press (2010)

Campbell, F. W., Robson J.G.: Application of fourier analysis to the visibility of gratings. *Journal of Physiology* Nr. 197: S. 551-566 (1968)

Curcio C. A., Sloan K. R., Kalina R. E. et al: Human photoreceptor topography. *Journal of Comparative Neurology* Nr. 292: S. 497-523 (1990)

Literaturverzeichnis

Davson, H.: *Davson's Physiology of the Eye, 5th ed*. Macmillan Academic and Professional Ltd (1990)

Dupuy, O., Arnulf, A.: The transmission of contrasts by the optical system of the eye and the retinal thresholds of contrast. *Comptes Rendus Hebdomadaires des Seances de l Academie des Sciences* Nr. 250: S. 2757–2759 (1960)

Enroth-Cugell, C., Robson, J. G.: The contrast sensitivity of retinal ganglion cells of the cat. *Journal of Physiology* Nr. 187: S. 517–552 (1966)

Graham, C. H.: *Vision and Visual Perception*. Wiley (1965)

Harwerth R. S., Smith E. L., Duncan G.C., Crawford M. L., von Noorden G. K.: Multiple sensitive periods in the development of the primate visual system. *Science* Nr. 232: S. 235-238 (1986)

Hoekstra, J., van der Goot, D. P. J., van den Brink, G., Bilsen, F. A.: The influence of the number of cycles upon the visual contrast threshold for spatial sine wave patterns. *Vision Research* Nr. 14 (6): S. 365-368 (1974)

Kolb H., Linberg K.A., Fisher S. K.: Neurons of the human retina: a Golgi study. *Journal of Comparative Neurology* Nr. 318: S. 147-187 (1992)

Lamming D.: *Contrast Sensitivity. Chapter 5*. In: Cronly-Dillon, J., Vision and Visual Dysfunction, Vol 5. Macmillan (1991)

Schwartz, S. H.: *Visual Perception*. Appleton and Lange (1999)

Shapley R. and Enroth-Cugell C.: Visual Adaptation and Retinal Gain Controls. *Progress in Retinal and Eye Research* Nr. 3: S. 263-346 (1984)

Smith G., Atchison D. A.: *The Eye and Visual Optical Instrument*. Cambridge University Press (1997)

Vaney D. I.: Patterns of neuronal coupling in the retina. Progress in Retinal and Eye Research Nr. 13: S. 301-355 (1994)

Wässle H., Grunert U., Chun M. H., and Boycott B. B.: The rod pathway of the macaque monkey retina: identification of AII-amacrine cells with antibodies against calretinin. *Journal of Comparative Neurology* Nr. 361: S. 537-551 (1995)

Anhang

Visuelle Schärfe und Auflösungsvermögen

Atchison D. A., Smith G., Efron N.: The effect of pupil size on visual acuity in uncorrected and corrected myopia. *American journal of optometry and physiological optics* Nr. 56: S. 315-323 (1979)

Bailey I. L. and Lovie J.E.: New design principles for visual acuity letter charts. *American journal of optometry and physiological optics* Nr. 53: S.740-745 (1976)

Campbell FW, Green DG.: Optical and retinal factors affecting visual resolution. *Journal of Physiology* Nr. 181: S. 576–593 (1965)

Campbell FW, Gubisch RW.: Optical quality of the human eye. *Journal of Physiology* Nr. 186: S. 558–578 (1966)

Campbell, F. W., Robson, J. G.: Application of Fourier analysis to the visibility of gratings. *Journal of Physiology* Nr. 197: S. 551-566 (1968)

Green D. G.: Regional varitations in the visual acuity for interference fringes on the retina. *Journal of Physiology* Nr. 207: S. 351-356 (1970)

Lamming D.: *Spatial Frequency Channels.* Chapter 8 in: Cronly-Dillon, J., Vision and Visual Dysfunction, Vol 5. Macmillan Press (1991)

Mills S. L., and Massey S. C.; AII amacrine cells limit scotopic acuity in central macaque retina: A confocal analysis of calretinin labeling. *Journal of Comparative Neurology* Nr. 411: S. 19-34 (1999)

Roorda A and Williams D. R.: The arrangement of the three cone classes in the living human eye. *Nature* Nr. 11: S. 520-522 (1999)

van Nes F. L., Bouman M. A.: Spatial modulation transfer in the human eye. Journal of the optical Society of America Nr. 57: S. 401-406 (1967)

Waugh S. J., Levi D.M.: Spatial alignment across gaps: contributions of orientation and spatial scale. *Journal of the optical Society of America* Nr. 12: S. 2305-2317 (1995)

Westheimer G.: *Visual acuity and spatial modulation thresholds.* In: Handbook of Sensory Physiology. Visual Psychophysics. Vol 7. Jameson D., Hurvich L. M. (Hrsg.), Springer (1972)

Westheimer G.: *Visual Acuity.* Chapter 17 in: Moses, R. A. and Hart, W. M. (Hrsg.) Adler's Physiology of the eye, Clinical Application. The C. V. Mosby Company (1987)

Stichwortverzeichnis

A

Aberration 52, 87, 88, 121, 129
Absorptions-Kurven 64
Absorptions-Spektren 18, 64, 65, 91, 101
Achromatopsie 24
Achsenzylinder 28
Adaptationszustände 99, 100
Agnosie 23
Airy, Sir George Biddell 116
Airy-Scheibchen 116, 118
Airy Disk. *Siehe* Airy-Scheibchen
Akkomodation 14, 38, 42, 43, 123
Alterssichtigkeit 123
Altweltaffen 91, 92
Amakrinzellen 15
Amygdala 36, 86
Astigmatismus. *Siehe* Stabsichtigkeit
Atmosphärische Perspektive 50
Auflösung 25, 72, 87, 90, 100, 113, 114, 116, 118, 119, 121, 122, 125, 126, 137
Auflösungs-Sehschärfe 114, 115, 133
Auflösungsvermögen 5, 111, 114, 115, 117, 119, 120, 121, 123, 124, 125, 126, 127, 129, 131, 132, 133, 134, 148
Auge 4, 11, 12, 13, 14, 19, 22, 31, 34, 38, 42, 45, 48, 52, 57, 59, 87, 104, 106, 112, 113, 117, 118, 122, 123, 124, 135, 142
Axon. *Siehe* Achsenzylinder

B

BahngleisTäuschung 58
Beugung 6, 111, 115, 116, 117, 118, 124, 129
Beugungsmuster 115, 116, 117
Bewegungsparallaxe 4, 37, 38, 44, 45
Bildebene 14
Bindehaut 13
binokulare Tiefenkriterien 38. *Siehe auch* Stereoskopie
Bipolarzellen 15
Bistratified Zellen 71
blinder Fleck 22

C

Campbell-Robson CSF Chart Blau-Gelb 131
Campbell-Robson CSF Chart Luminanz 129
Campbell-Robson CSF Chart Rot-Grün 131
Center/Surround Organisation 8, 19, 20, 21, 31, 32, 33, 114, 134, 135, 136, 137
CGL. *Siehe* Corpus geniculatum laterale
Charakteristik-Kurve 96
Chiaroscuro. *Siehe* Schlagschatten
Chiasma opticum 26
chromatische Aberration 52
Corpus geniculatum laterale 23, 26, 27, 31
  magnozelluläre Schichten 23, 27
  parvozelluläre Schichten 23, 27

Anhang

D

Dämmerungssehen. *Siehe* mesopisches Sehen
Daw, Nigel 81
Dendriten 22, 28, 29. *Siehe* Nervenzellfortsätze
Dichromaten 91
Dioptrien 122, 123
Doppelter Gegenfarbenmechanismus 79
doppelte Gegenfarbenzellen 78
Dreifarbentheorie des Sehens 63
Dynamikbereich 5, 93, 95, 97, 99, 101, 102, 103, 105

E

einfache Zellen 32
Emmert, Emil 55
Emmertsches Gesetz 55
Enzymkaskade 17
Epithalamus 29
Erkennungs-Sehschärfe 114
Evolution 12, 16, 24, 29, 60, 74, 88, 91, 144

F

Farbeindruck 17, 25, 62, 63, 65, 66
Farben 5, 13, 24, 27, 51, 52, 59, 60, 63, 68, 74, 77, 78, 80, 81, 82, 83, 84, 85, 86, 87, 89, 99, 101, 121
Farbensehen 60, 63, 75, 85, 89, 90, 92, 95
Farbfernsehsystem 75
Farbige Nachbilder 69
Farbkonstanz 5, 8, 59, 81, 82, 85
Farbperspektive 4, 37, 51, 52
Farbreiz 64, 83
Farbumschlag 82
Farbwahrnehmung 8, 23, 24, 60, 65, 70, 71, 72, 74, 78, 79, 81, 83, 85, 86, 87, 92, 145
Fechner, Gustav Theodor 106
Federal Communications Commision 75
Fortschreitendes Zu- und Aufdecken von Flächen 4, 37, 45
Fovea centralis. *Siehe* Sehgrube
Fraunhofersches Beugungsmuster 117
Frontallappen. *Siehe* Stirnlappen

G

Ganglienzellen 8, 15, 19, 22, 23, 25, 27, 33, 70, 71, 114, 122, 129, 135
Gegenfarbentheorie 69, 70
Gegenfarbenzelle 70, 79
Gegenfarbmechanismus 69, 74, 80
Gehirn 4, 8, 11, 12, 14, 19, 22, 24, 25, 27, 28, 29, 30, 34, 36, 39, 43, 48, 66, 78, 87, 104, 113, 135, 142, 143, 144
Glaskörper 12
Grauer Star. *Siehe* Trübung der Augenlinse
Größenwahrnehmung 4, 53, 54, 55, 57
Großhirn 29, 30

Stichwortverzeichnis

H

Hell-/Dunkel-Adaptation 5, 93, 97, 99, 101
Hering, Ewald 69
Hinterhauptlappen 30
Hippocampus 36, 86
Hirnstamm 29
Horizontalzellen 15, 101
Hornhaut 13, 14, 122, 123, 133
Hubel, David 31, 33, 34, 70, 81
Hyper-Sehschärfe 115
hyperkomplexe Zellen 33
Hyperopie. *Siehe* Weitsichtigkeit
Hypothalamus 26, 29

I

Informationsverarbeitung 4, 11, 18, 19, 21, 23, 24, 32, 33, 74, 80, 129, 135
Intensitätsverteilungskurve 62
Interferenz 115
Iris 13, 124
Irisblende. *Siehe* Pupille

K

Kantenschärfe 88, 113, 114, 137
Katarakt. *Siehe* Trübung der Augenlinse
Kleinhirn 29
Kniehöcker. *Siehe* Corpus geniculatum laterale
Kohlrausch-Knick 100
Komplementärfarbe 73, 80
komplexe Zellen 33
koniozellulär 71
konstante Helligkeitswahrnehmung 67
Kontrast 1, 5, 6, 25, 73, 93, 94, 95, 97, 104, 108, 111, 126, 127, 128, 129, 131, 132, 133, 134
Kontrastempfindlichkeitskurve 127, 128, 129
Kontrastumfang 95
Kontrastverstärkung 21, 136
Konturenschärfe 6, 111, 134, 137
Kreuzung der Sehbahn. *Siehe* Chiasma opticum
Kuffler, Stephen 19, 31, 135
Kurzsichtigkeit 123

L

Land, Edwin 81
Landoltring 132
Läsionen 23
laterale Hemmung 15, 101, 103, 104
Lederhaut 12
Leuchtdichte 13, 95, 105, 124
Limbische System 86
Linse 12, 13, 14, 15, 42, 43, 52, 87, 88, 122, 123, 133
Lord Rayleigh. *Siehe* Strutt, John William
Luftperspektive. *Siehe* Atmosphärische Perspektive

M

Mach, Ernst 19, 135
Machsche Streifen 19, 135
Magno-Ganglienzellen 22, 27

Anhang

Magnozellen 15
mesopische Sehen 98
Metamere 63
Midget-like-Zellen. *Siehe* Typ 2 Zellen
Midget-Zellen. *Siehe* Typ 1 Zellen
Mie, Gustav 50
Mie-Streuung 50, 51
Mikrosakkaden 94, 112
Mikrospektrophotometrie 64
Minimalerkennbare-Sehschärfe 115
Mitochondrien 17
Mittelhirn 30
Mondtäuschung 57
monokulare Tiefenkriterien 38
Myopie. *Siehe* Kurzsichtigkeit

N

Nachbilder 55, 68, 69
Nachtsehen. *Siehe* skotopisches Sehen
Nahsehen 13, 14, 124
Nervenzellen 4, 11, 15, 22, 28, 29, 30, 32, 33, 34, 35, 36, 41, 42, 85, 86, 96
  Achsenzylinder 28
  Nervenzellfortsätze 28
  Zellkörper 28
Nervenzellfortsätze. *Siehe* Dendriten
Netzhaut 4, 6, 7, 11, 13, 14, 15, 16, 22, 23, 26, 31, 38, 39, 40, 41, 44, 45, 54, 55, 57, 59, 64, 70, 72, 73, 76, 78, 102, 111, 114, 118, 119, 121, 122, 123, 124, 129, 133
Neurone. *Siehe* Nervenzellen
Neuronengruppen 35
Neuweltaffen 91, 92

O

Objekt-Wahrnehmung 27
Objektgröße 9, 54, 114
okulomotorische Tiefenkriterien 42
Okzipitallappen. *Siehe* Hinterhauptlappen
Opsin 16, 17

P

Parasol-Zellen. *Siehe* Typ 3 Zellen
Parietallappen. *Siehe* Scheitellappen
Parvo-Ganglienzellen 22, 23, 27, 70
Parvozellen 15
Photopigment 18
Photopigmente 18
photopische Sehen 98
Photorezeptoren 4, 11, 12, 15, 16, 17, 22, 24, 25, 28, 55, 59, 63, 64, 66, 68, 73, 74, 75, 88, 94, 96, 97, 101, 112, 113, 114, 118, 119, 121, 122, 123, 126, 129
  äußeres Segment 16
  inneres Segment 17
  synaptischer Körper 17
Pigment-Bleichung 17
Ponzo-Täuschung 58
Positronen-Emissions-Tomographie 85
Presbyopie. *Siehe* Alterssichtigkeit
primäre Sehrinde 26, 27, 30, 31, 32, 34, 35, 72, 78, 85
Prosopagnosie 23
Pupille 13, 14, 103, 104, 124
Purkinje-Shift 101

Stichwortverzeichnis

R

räumliche Tiefe 38
Rayleigh-Kriterium 116, 117, 121
Regenbogenhaut. *Siehe* Iris
Relative Größe 4, 37, 38, 46, 47
relative Helligkeitswahrnehmung 66
Remissionskurve 61, 62, 83
Resonanzkurven nach Helmholtz 64
Retina 9, 14, 15, 16, 17, 22, 24, 26, 31, 32, 33, 65, 66, 70, 71, 72, 84, 87, 89, 94, 96, 97, 100, 101, 102, 104, 112, 118, 125, 129, 130, 132, 145. *Siehe auch* Netzhaut
Retinal 16, 17, 140, 147
Retinex-Theorie 81
rezeptive Felder 20, 32, 71, 130, 135
Rhodopsin 17, 65, 97, 99
Rückenmark 29

S

Sacks, Oliver 85
Schärfe und Unschärfe 4, 37, 43
Schattenwurf 4, 37, 46, 47
Scheitellappen 30, 35
Schläfenlappen 30, 35, 85
Schlagschatten 47
Schwellenwertkurve 127, 128
Sehgrube 114, 118, 122
Sehloch. *Siehe* Pupille
Sehnerv 22, 118, 122
Sehpurpur 16
Sehstrahlung 26
Sehtest 132, 133, 134
Sehwinkel 5, 53, 54, 55, 56, 57, 58, 132, 133
Sehzentren 35
Sichtbarkeitskurve. *Siehe* Kontrastempfindlichkeitskurve
Sigmoidfunktion 96
Simultankontrast 67, 76, 77, 79, 81
Sinusgittermuster 126
skotopische Sehen 97
Soma. *Siehe* Zellkörper
Stäbchenzellen 15, 16, 17, 65, 97, 118, 121
Stabsichtigkeit 123
Stereoskopie 4, 37, 38, 39, 41, 43
  binokulare Neuronen 42
  Disparation 41
  Horopter 39, 40, 41, 43
  korrespondierende Netzhautpunkte 39
  Querdisparationswinkel 40, 41, 42
Stirnlappen 30
Strutt, John William 117
Sukzessivkontrast. *Siehe* Farbige Nachbilder
Synapse 17, 29, 96

T

Tagessehen. *Siehe* photopisches Sehen
Temporallappe. *Siehe* Schläfenlappen
Tetrachromasie 92
Texturgradient 48, 49, 50
Thalamus 26, 27, 29, 32
Tiefenkriterien 4, 37, 38, 39, 41, 43, 45, 47, 49, 51
  bewegungsinduzierte Tiefenkriterien 38

Anhang

binokulare Tiefenkriterien 38
monokulare Tiefenkriterien 38
okulomotorische Tiefenkriterien 42
Tiefenwahrnehmung 23, 38, 39, 42, 45, 46, 50
Tiefenwirkung 51
Trichromaten 91, 92
Troland 96
Trübung der Augenlinse 124
Typ 1 Zellen 70, 71
Typ 2 Zellen 70, 71
Typ 3 Zellen 71, 73, 78

U

Übertragungskurve 62

V

Verdeckung und Überschneidung 45
Vernier-Sehschärfe. *Siehe* Hyper-Sehschärfe
Visualität 5, 93, 94, 95
visuelles System 18, 24, 38, 50, 52, 61, 62, 68, 70, 82, 87, 94, 95, 112, 113
visuelle Schärfe 5, 111, 112, 113
von Helmholtz, Hermann 38, 63

W

Was-System 23, 24, 25
Weber, Ernst Heinrich 106
Webersches Gesetz 106
Weitsichtigkeit 123
Wiesel, Thorsten 31, 33, 34
Wo-System 23, 24, 25

X

X-Chromosom 92

Y

Young, Thomas 63, 64

Z

Zapfenzellen 16, 17, 18, 31, 65, 80, 84, 86, 97, 100, 101, 119, 122
K-Zapfen 17, 65, 76, 91, 121
L-Zapfen 17, 65, 66, 72, 73, 76, 87, 91, 119
M-Zapfen 17, 65, 66, 76, 80, 91
Zellkörper 28
Zellmembran 17
Zentralperspektive 4, 37, 38, 48, 49
Ziliarmuskel 14
Zonulafasern 14
Zwischenhirn 30

www.ingramcontent.com/pod-product-compliance
Lightning Source LLC
Chambersburg PA
CBHW082331220526
45470CB00008B/2471